華麗なる 野鳥飛翔 図鑑

解説 齊藤安行
写真・イラスト 小堀文彦
写真 高野丈

文一総合出版

はじめに

　「鳥のように空を飛びたい」という人類の夢は、飛行機となって実現しました。それは、大空を目指した先駆者たちが築いてきた、航空力学の成果です。しかし、航空機は鳥のように自由自在に飛ぶことができません。鳥の翼は飛行機と異なり、柔軟でしなやかな羽毛で覆われ、骨組みは関節で連結して、飛びながら自由に形を変えることができます。急激に方向転換したかと思うと停空飛翔し、すぐさま急降下から急上昇といった俊敏な飛行は、鳥以外にはできない芸当です。発展した科学技術による最新の航空力学の原理を鳥の飛行に当てはめても、まだまだ把握できない要素が残っているのです。

　近年、バイオミメティクス（生物模倣）の発展にともない、新たな飛行のメカニズム

Ｃｏｎｔｅｎｔｓ

が解明されつつあります。たとえば鳥の翼周りに生ずる渦の流れを可視化する技術によって、気流の解析が進められています。より小型で安定したドローンの開発や、安全で省エネの航空機の開発などにも役立つでしょう。また撮影機材と画像処理技術の進歩で、今まで目にも留まらなかった素早い小鳥の飛翔を可視化できるようになりました。そのような飛翔写真は見事なうえ、飛翔の新たなメカニズム解明のヒントになるかもしれません。そこで今回、見応えのある飛翔写真を集め、図鑑としてまとめることにしました。飛翔する鳥たちの華麗な姿を堪能し、「飛翔」を意識しながら、野鳥観察や撮影をより楽しんでいただければ幸いです。

齊藤安行・小堀文彦・髙野丈

「飛ぶ」とは

キビタキ（FK）

1 空を飛ぶさまざまな生き物

鳥や昆虫だけでなく、クモや哺乳類、両生類、爬虫類に至るまで、多くの動物が空を飛びます。また、植物でも種子を風に乗せて散布するものが見られますし、菌類の胞子は成層圏に達し、世界中を旅しています。大小さまざまな生物が、効率よく遠くへ移動するために空中移動を生活に取り入れています。

飛び方は種類によってさまざまです。体が小さく軽い生物にとって、空気は大きな抵抗をもつ粘性のある物質となるでしょう。体の表面積を増やして空気と接する面を大きくすることができれば、風に乗ることができます。例えばユキムシとも呼ばれているアブラムシのなかまは、体全体がふわふわの綿のような、ろう状物質で覆われています。これがパラシュートのように落下速度を抑えるとともに、弱々しい羽ばたきを補って空中に浮遊し続けることができます。同じくタンポポの種子も綿毛をもち、風を受けて空中に漂います。しかし、どちらも行き先は風まかせです。

一方、体が一定の大きさを超えると、空気の粘性が重力による落下速度を支えきれなくなるため、翼を使って揚力を得なければなりません。グライダーのように滑空するハネフクベの種子も、ムササビやモモンガも、トビトカゲ、トビガエルもそれぞれの体のつくりに合わせた皮膜や扁平な体自体を翼とすることで、揚力を得て滑空します。しかし、重力まかせの滑空では飛べる範囲が限られます。

飛んで自由に目的地を目指すことができるのは、翼を使って推進力を生み出すことができる鳥類と昆虫、コウモリです。

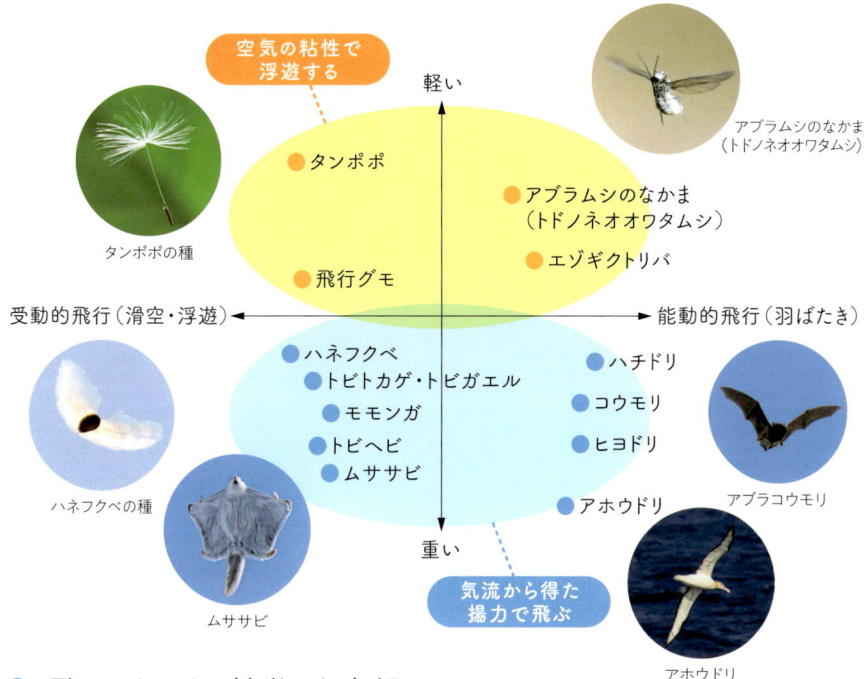

空気の粘性で浮遊する

軽い

● タンポポ

● アブラムシのなかま（トドノネオオワタムシ）

アブラムシのなかま（トドノネオオワタムシ）

● エゾギクトリバ

● 飛行グモ

タンポポの種

受動的飛行（滑空・浮遊） ←→ 能動的飛行（羽ばたき）

● ハネフクベ
● トビトカゲ・トビガエル
● モモンガ
● トビヘビ
● ムササビ

● ハチドリ

● コウモリ

● ヒヨドリ

ハネフクベの種

ムササビ

● アホウドリ

アブラコウモリ

重い

気流から得た揚力で飛ぶ

アホウドリ

2 飛ぶことにより繁栄した鳥類

　人間の住む市街地や農地から高山・砂漠・海洋・極地など人の通わぬ場所まで、地球上のほぼあらゆる場所で鳥の姿は見られます。鳥は、現在最も繁栄した動物のひとつといえるでしょう。

　小型の肉食恐竜を祖先にもつ鳥類の前肢は、空を飛ぶことのできる翼に進化しました。飛翔能力を得た鳥の中には、大陸を股にかけた大規模な移動をするものや広い海洋を飛び回って

くらすなかまが現れました。また、それまで昆虫しか利用できなかった樹上の枝先の果実や、そこに集まる昆虫を独占的に食物として利用するなかまが現れ、そのくらしも多様になりました。

　鳥は空を飛ぶことにより、新たな生息地の開拓が飛躍的に進み、現在の繁栄につながったことはまちがいありません。

キョクアジサシ（南極海）　　　　　ハシボソミズナギドリ（ベーリング海）　　　セグロサバクヒタキ（ネゲブ砂漠）

飛翔を支える
翼のつくり

ヒヨドリ(FK)

1　翼の骨組み

　鳥の翼は四足動物(両生類、爬虫類、鳥類、哺乳類を含む分類群)の前肢で、基本的な骨組みは共通していて、肩関節から伸びる上腕、前腕、掌と指からなる手で構成されます。鳥は、空を飛ぶための軽量化により、手根骨は2個(ヒトでは8個)、指骨は3本(ヒトでは5本)で、中手骨は癒合して1個です。上腕骨が体部と接続する肩関節は、上下・前後・回転運動を自在に行う部位です。

　このような翼の動きについて航空力学の用語では、フラッピング、フェザリング、リード・ラグと呼び、それぞれ上下の羽ばたき運動、迎角を変化させる回転運動、前後させる運動を指し、飛行のメカニズムを解析するときの基本的な要素となります。また、肘、手首の関節を動かして、翼の開閉を自由に行います。翼の動きは、約50種類の筋肉によって制御されています。重い筋肉は、全て体の重心付近に集められ運動性能を高めていて、飛行を制御する翼の繊細な動きは、筋肉から伸びる長い腱によって操られています。

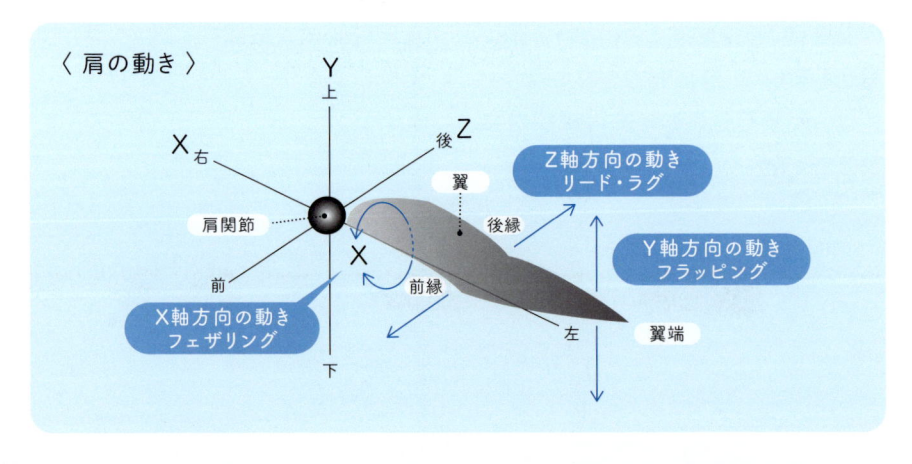

〈 肩の動き 〉

Y 上
X 右
後 Z
翼
肩関節
前縁
前
X
後縁
左
Z軸方向の動き
リード・ラグ
Y軸方向の動き
フラッピング
X軸方向の動き
フェザリング
翼端
下

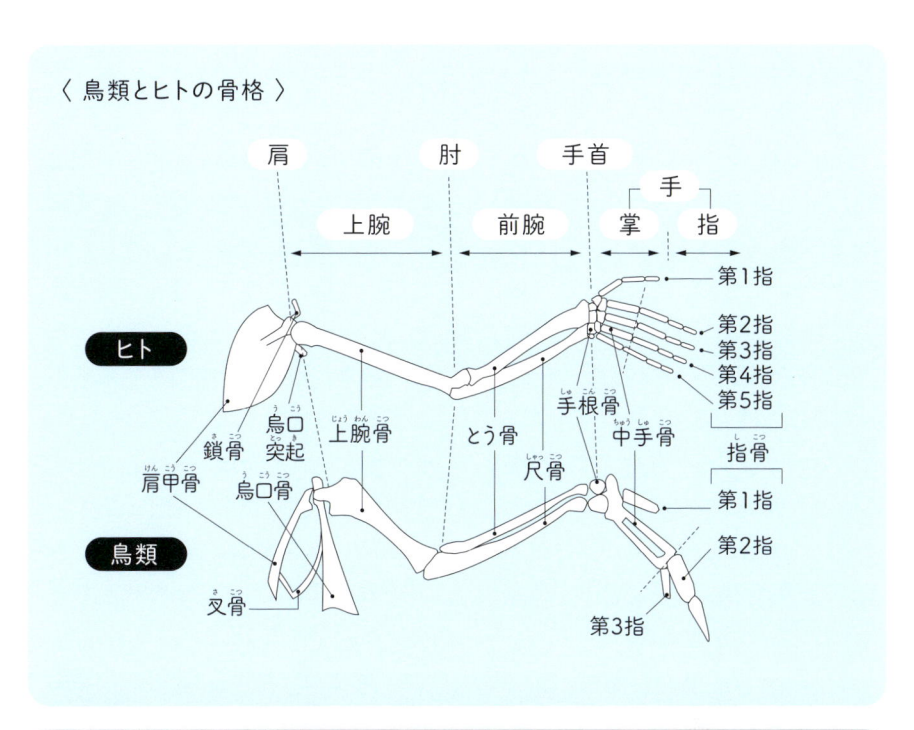

〈 鳥類とヒトの骨格 〉

肩　　　　肘　　　　手首

上腕　　　前腕　　　掌　　指
　　　　　　　　　　　　手

ヒト

第1指
第2指
第3指
第4指
第5指
指骨
第1指
第2指
第3指

鎖骨　烏口突起　上腕骨　とう骨　手根骨　中手骨

肩甲骨　烏口骨

鳥類

叉骨　　　　　尺骨

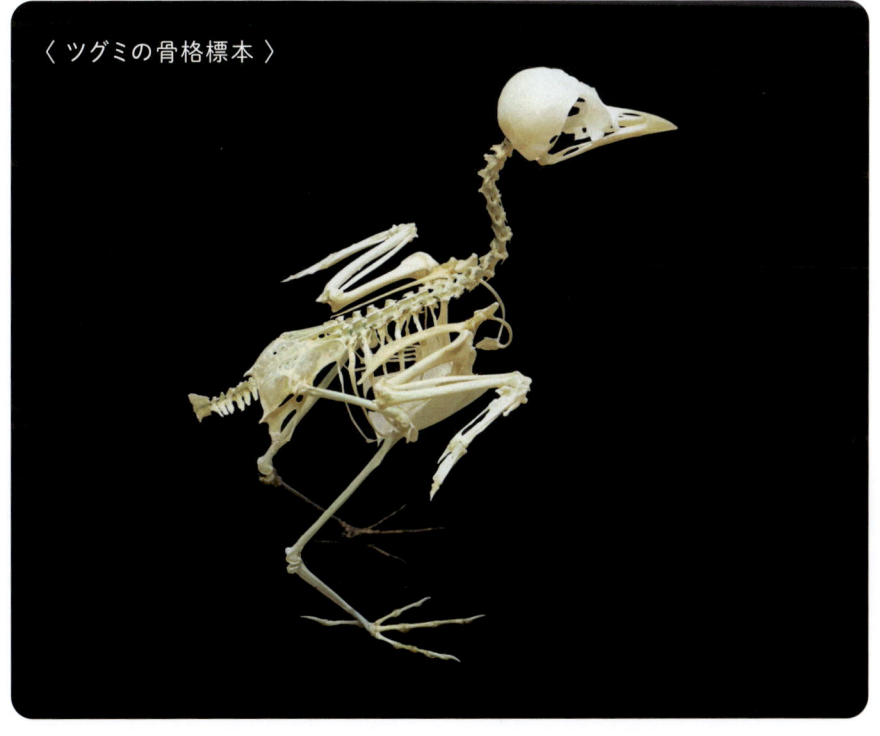

〈 ツグミの骨格標本 〉

2 翼の羽毛とその機能

前肢の骨組みを羽毛が覆い、翼となります。羽毛は、ケラチンを組成とする軽く丈夫で汚れにくい、すぐれた素材です。また、定期的に換羽することで、機能を維持することができます。

初列風切は中手骨と指骨に付着し、9〜12枚の種が多く、ほぼ一定です。羽毛の羽軸は前縁（進行方向側）寄りに付いているので、羽ばたくと自動的にねじれが生じ、飛行機のプロペラのように空気を後方に押し出し、推力を生み出すことができます。

次列風切は尺骨に付着し、6〜40枚と種によってばらつきがあり、翼の

エゾビタキ（JT）

端から端までの長さ（翼開長＝翼幅）のちがいを反映しています。次列風切は、飛行機の翼のように、前方から風を受けて揚力を生み出す装置です。この部分の断面は、上面が弓状にカーブを描き、効率よく揚力を生み出すことができる形です。カーブのそり具合をキャンバーと呼び、キャンバーが大きいほど大きな揚力を発生します。翼の前縁には柔軟な組織でできた翼膜があり、飛行速度に合わせてキャンバーを調整することができます。

小翼羽は、第1指に付着する数枚の羽毛で構成され、低速時の失速を防ぐ高揚力装置として機能します。次列風切の風向きに対する角度（迎角）を大きくするにしたがい揚力が増しますが、一定の角度を超えると、翼上面の気流が剥離し、乱流が生じて揚力を失います。このとき、小翼羽をもち上げ、翼上面に隙間風をあてることで乱流を吹き飛ばし（スロット効果）、揚力を維持します。

初列風切と次列風切は、それぞれ初列雨覆、大雨覆に覆われています。さらに大雨覆には中雨覆が、中雨覆には小雨覆が重なっています。各雨覆は、摩擦や紫外線による風切羽の劣化を防ぐとともに、翼表面を滑らかに保ち空気抵抗を減らす役割があります。

〈 ハシブトガラスの翼のつくり 〉

● 前肢骨格標本

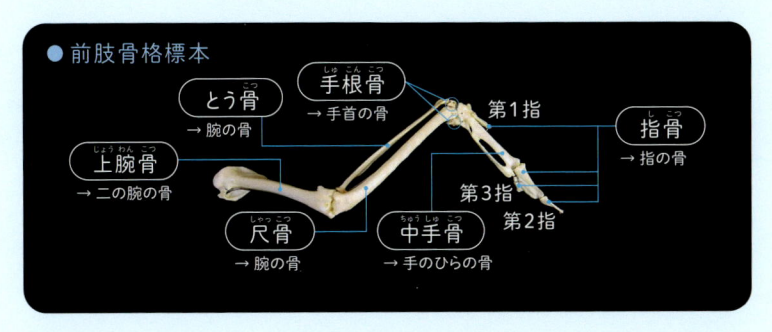

- とう骨 → 腕の骨
- 手根骨（しゅこんこつ）→ 手首の骨
- 第1指
- 指骨（しこつ）→ 指の骨
- 上腕骨（じょうわんこつ）→ 二の腕の骨
- 尺骨（しゃっこつ）→ 腕の骨
- 中手骨（ちゅうしゅこつ）→ 手のひらの骨
- 第3指
- 第2指

● 翼標本（雨覆なし）

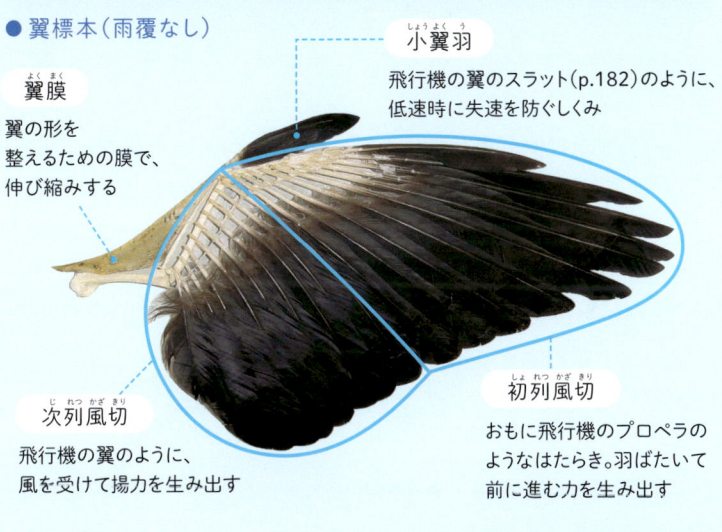

小翼羽（しょうよくう）
飛行機の翼のスラット（p.182）のように、低速時に失速を防ぐしくみ

翼膜（よくまく）
翼の形を整えるための膜で、伸び縮みする

次列風切（じれつかざきり）
飛行機の翼のように、風を受けて揚力を生み出す

初列風切（しょれつかざきり）
おもに飛行機のプロペラのようなはたらき。羽ばたいて前に進む力を生み出す

● 翼標本

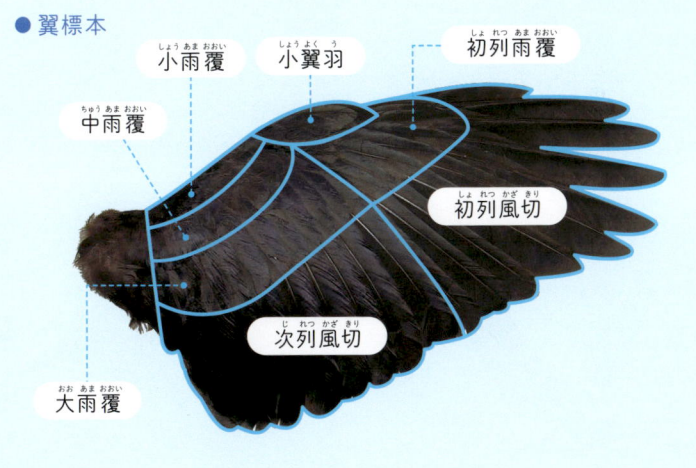

- 小雨覆（しょうあまおおい）
- 小翼羽（しょうよくう）
- 初列雨覆（しょれつあまおおい）
- 中雨覆（ちゅうあまおおい）
- 初列風切（しょれつかざきり）
- 次列風切（じれつかざきり）
- 大雨覆（おおあまおおい）

鳥が空を飛ぶ
しくみ

マガモ（FK）

1 空を飛ぶ原理は飛行機と同じ

　鳥も飛行機も翼に風を受けることによって揚力を得て、飛行することができます。翼に風を受け続けるためには、前進するための推力が必要です。

　飛行機は、プロペラやジェットエンジンで推力を生み出します。鳥は、翼の一部が推力を生む装置を兼用しています。鳥の翼の手にあたる部分である初列風切が、羽ばたくことで推力を生み出します。

　翼は、打ち下ろしのときに大きな力を出して推力を発生しますが、打ち上げでは発生しません。打ち上げでは、初列風切を後方に折りたたんで気流を受け流し、できるだけ空気抵抗を減らして素早くもち上げ、次の打ち下ろしに備えます。

　翼の腕にあたる部分の次列風切は、打ち下ろしのときも打ち上げのときも、前方からの風を受けて揚力を発生します。

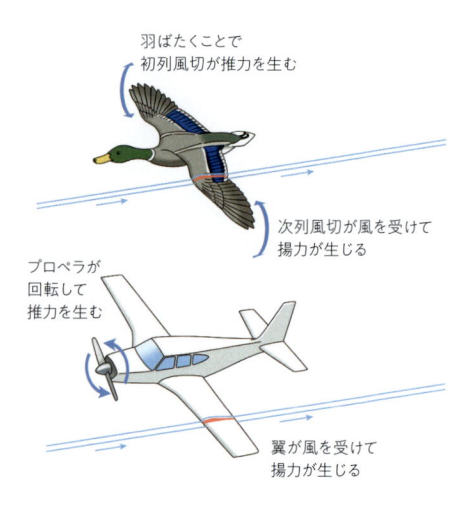

羽ばたくことで
初列風切が推力を生む

次列風切が風を受けて
揚力が生じる

プロペラが
回転して
推力を生む

翼が風を受けて
揚力が生じる

1
翼を大きく広げて
力強く打ち下ろす

2
初列風切の先端がねじれてプロペラのように風を後方に送り推力を生む。前進することで、次列風切が風を受けて、揚力が発生する

2 翼が揚力を生む原理

　翼が前方から風を受けると、上面の空気の流れは翼の面に沿って流れるようになり（コアンダ効果）、上面の気流は下向きに曲げられます。この下向きに作用した力の分だけ反作用で上向きの力が生じ（ニュートンの第三法則）、揚力が発生します。

　また、翼上面を流れる気流は、翼の後縁の辺りで渦を発生させ、これに対称な流れの循環が翼周りに生じます。この循環流は、翼上面では後方に向かい、翼下面では前方に向かうため、翼全体の空気の流れは、上面で速くなり下面では前方からの流れとぶつかるため遅くなります。ベルヌーイの定理により、流れの速い面は遅い面より圧力が小さくなるため、翼は上向きに吸い上げられ揚力を生じます。これらの揚力が合わさり、重力に打ち勝って翼をもち上げる力となります。

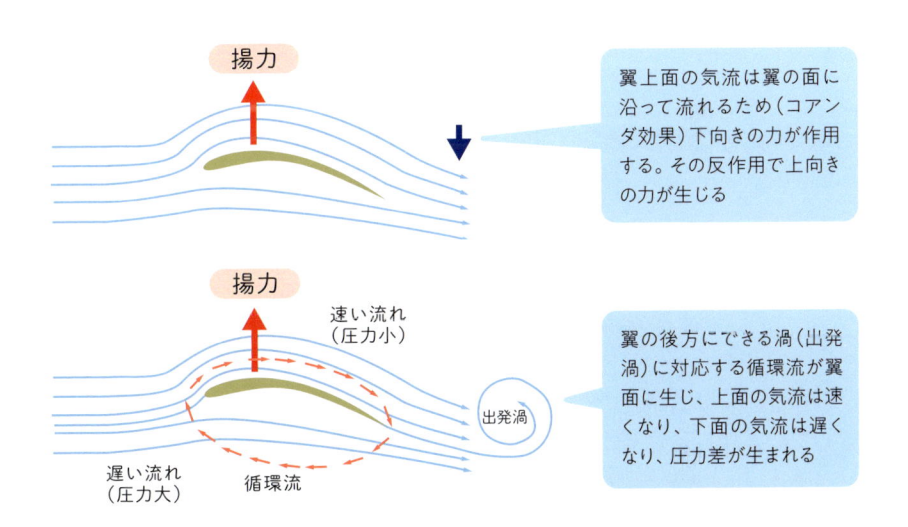

揚力

翼上面の気流は翼の面に沿って流れるため（コアンダ効果）下向きの力が作用する。その反作用で上向きの力が生じる

揚力

速い流れ（圧力小）

遅い流れ（圧力大）

循環流

出発渦

翼の後方にできる渦（出発渦）に対応する循環流が翼面に生じ、上面の気流は速くなり、下面の気流は遅くなり、圧力差が生まれる

3
手首を曲げて初列風切を後方へたたみ風の抵抗を受けないようにして翼を引き上げ始める

4
翼角（手首の部分）を上げて次列風切で揚力を確保しながら、気流に逆らわないように初列風切を前方へ広げ始める

3 前進するための動力 — 大胸筋と小胸筋 —

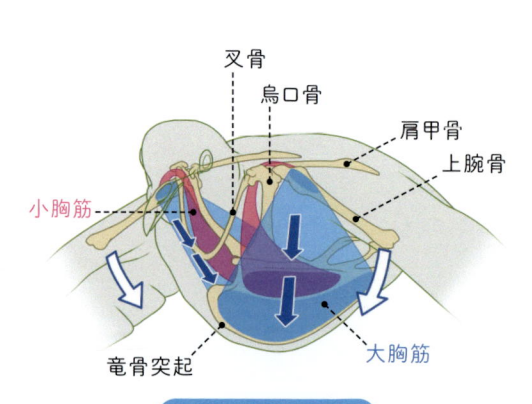

叉骨
烏口骨
肩甲骨
上腕骨
小胸筋
竜骨突起
大胸筋

翼の打ち下ろし

青色で示した大胸筋が収縮することで
上腕骨が下方へ動き、翼が打ち下ろされる

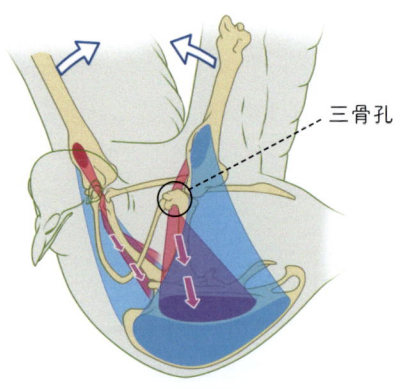

三骨孔

翼の打ち上げ

赤色で示した小胸筋が収縮することで
赤矢印の方向に引かれ、上腕骨が上方に動き、
翼が打ち上がる。三骨孔が滑車の役割を果たす

羽ばたくときの打ち下ろしと打ち上げの動力は、それぞれ大胸筋と小胸筋が担います。大胸筋も小胸筋も、前方に張り出した胸骨（竜骨突起）に付着します。大胸筋が収縮すると、上腕骨が下へ引かれ、翼が打ち下ろされます。小胸筋は大胸筋の下に潜るように付着しています。各筋肉は上腕骨に腱で付着しています。小胸筋の上腕骨に付着した腱は、叉骨・肩甲骨・烏口骨の結合部分にできた三骨孔と呼ばれる孔を通ります。この結果、小胸筋が収縮すると三骨孔が滑車のように働き、上腕骨をもち上げます。羽ばたきでは、打ち下ろしに大きな力が必要なので、小胸筋に比べて大胸筋の方が大きく発達しています。

なお、ハチドリやペンギンのなかまの羽ばたきは、打ち下ろしと打ち上げの力にそれほど大きな差がなく、打ち上げのときにも推進力を生み出すので、小胸筋も大胸筋と同じくらい発達しています。また、上方に向かって飛び立つときには、翼を高く上げて前後に羽ばたくことで、初列風切がヘリコプターのローターのように上向きの推力を生み出します。カワラバト（ドバト）などが急上昇するときには、翼の打ち上げのときに初列風切の面を返して、地面に対する翼の傾き角度であるピッチ角を上向きに反転させることで、補助的に揚力を生み出すことが確かめられています。

いろいろな 飛び方

チョウゲンボウ（FK）

1 滑空飛行

　翼を広げたまま羽ばたかず、高い位置から低い位置に向かって坂を下るように徐々に高度を下げる飛び方です。重力だけが推進力の原動力で、高度を下げることで位置エネルギーを消費しながら、運動エネルギーに変換し前進します。羽ばたくためのエネルギーは使いませんが、位置エネルギーを消費するので高度は下がり続け、そのままいつまでも飛ぶことはできません。

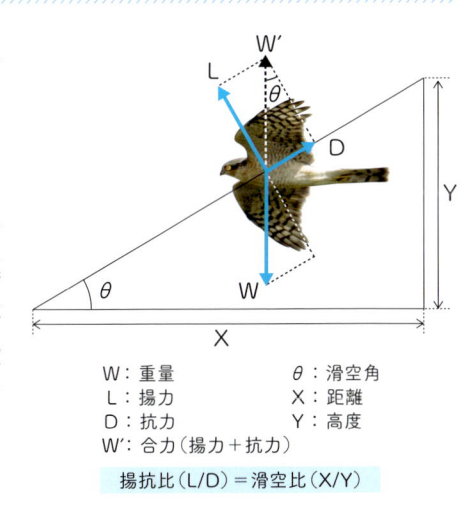

W：重量　　　　θ：滑空角
L：揚力　　　　X：距離
D：抗力　　　　Y：高度
W'：合力（揚力＋抗力）

揚抗比（L/D）＝滑空比（X/Y）

2 帆翔飛行

　滑空飛行と同様に、羽ばたかず翼を広げたままの飛翔ですが、上昇気流の中を滑空するため、地上からの高度は下がりません。例えると、上りのエスカレーターを逆向きに下っているような状態です。自然界の中で、上昇気流はさまざまな場面で生じます。温め

られた地表や海面の空気が上昇する熱上昇気流、斜面や崖に当たって吹き上げる上昇気流、崖など障害物の裏側に巻き込む風によって生じる上昇気流などさまざまです。こうした風を利用した受け身の帆翔を静的帆翔と呼びます。

アホウドリやミズナギドリのなかまのように、滑空性能のよい翼をもつ鳥たちは、広い海面を吹く横風に生じる風速の差を利用して、位置エネルギーと運動エネルギーを変換しながら滑空し続けます。上空（といってもせいぜい10mくらい）の速い風に乗って風下に滑空し、勢いをつけます。その速度を維持しつつ、海面付近で反転して翼に向かい風を受けて急上昇します。これを繰り返して飛行します。このように風速の高度差を利用した飛び方を動的帆翔（ダイナミックソアリング）と呼びます。

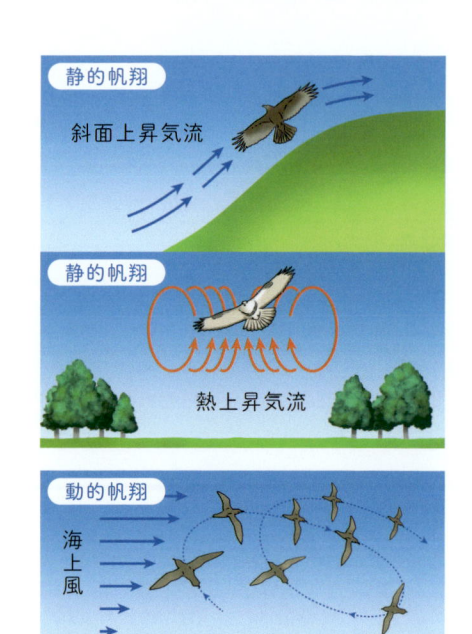

3 羽ばたき飛行

ズアカアオバト（JT）

羽ばたき飛行は、羽ばたきによって生じた推力で前進し、風を翼に受けて揚力を得る飛行方法で、すべての鳥に共通です。しかし、羽ばたきの周波数や振幅、翼のピッチ角の変化や開閉のタイミング、ストップモーションを入れるタイミングなど、翼の特性に合わせた動きは種により、また場面により多様です。

羽ばたき飛行の中で、カモのなかまのように飛行中羽ばたき続ける鳥がいる一方で、時々羽ばたきを止めて、間欠的に羽ばたく鳥がいます。こうした間欠羽ばたき飛行をする鳥の中にも、ハイタカのように何回か羽ばたいては滑空することを繰り返すパターンと、ヒヨドリのように羽ばたいて上昇したら、翼を閉じて弾道飛行するパターンがあります。前者は、羽ばたきを休止している間は滑空して揚力を得るので、ゆるやかな波状の飛行軌跡をとることから、波状飛行と呼ばれます。

後者は、翼を閉じている間、放物線を描いて下降し、再び急速な羽ばたきで上昇することを繰り返します。その結果、ボールが点々とはずむような飛行軌跡となることから跳躍飛行と呼ばれています。いずれの飛び方も、羽ばたきを止めることで飛行エネルギーを節約できます。

波状飛行はおもに中型から大型の鳥に見られ、跳躍飛行は約300gまでの比較的小型の鳥で見られます。また、ムクドリのように、小型でも滑空性能のよい翼をもつ鳥たちは、急ぐときは跳躍飛行、省エネ重視のときは波状飛行するというように状況に合わせて使い分けています。

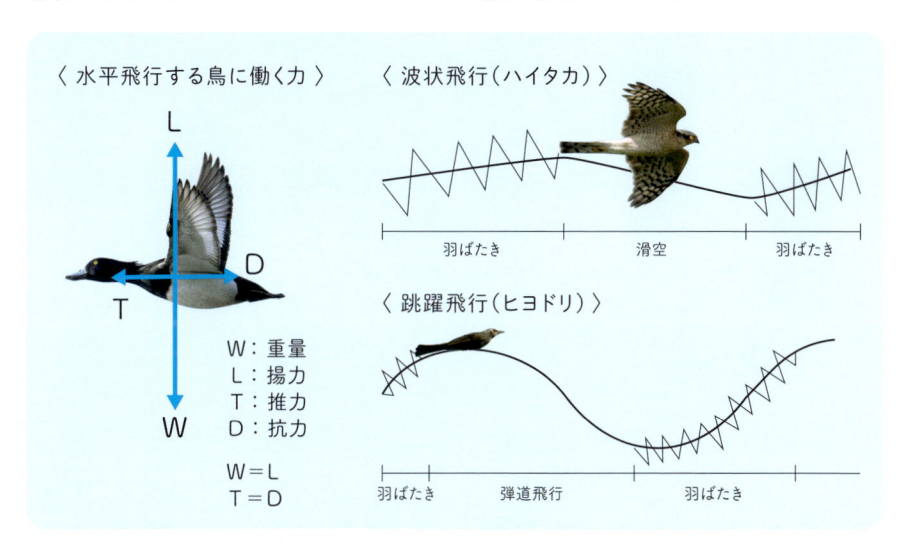

〈 水平飛行する鳥に働く力 〉

L
D
T
W

W：重量
L：揚力
T：推力
D：抗力

W＝L
T＝D

〈 波状飛行（ハイタカ）〉

羽ばたき　　滑空　　羽ばたき

〈 跳躍飛行（ヒヨドリ）〉

羽ばたき　　弾道飛行　　羽ばたき

4　停空飛翔（ホバリング）

停空飛翔はホバリングともいい、空中の一点にとどまる飛び方です。ホバリングに長けたハチドリのなかまは、翼の打ち下ろしと打ち上げで翼のピッチを逆転させ、同じように揚力を発生させることができる対称ホバリングを行います。日本の鳥ではミサゴやカワセミ、チョウゲンボウ、ノスリ、そしてほとんどのスズメ目の小鳥も停空飛翔しますが、翼の打ち下ろしのときにだけ揚力を発生させる非対称ホバリングです。また、大型のミサゴやチョウゲンボウ、ノスリなどは、向かい風を使ってホバリングし、エネルギーを節約します。

停空飛翔では、とまり木のない広い水面や草地で、上空から獲物に狙いをつけることが可能です。また足場のない細い枝先の果実を食べたり、花の蜜を吸うこともできます。

飛行特性を決める翼の要素

ハヤブサ（FK）

鳥の翼の形は、祖先から受け継がれた形質や生息環境への適応、
そして飛行への適応という物理的な条件で決まります。飛行は、常に重力という
大きな制約がかかる運動なので、飛行特性に合わせて許される形が限定されます。
翼の特性の中で飛行性能に関わるおもな要素は、
アスペクト比、翼の先端の形状、腕の長さ、翼面荷重です。

1 アスペクト比

　翼幅を翼弦で割った値で、この値が大きいほどグライダーのような細長い翼になります。アスペクト比の大きな翼は、翼端に生じる空気の渦による誘導抗力が小さく抑えられるので、揚力と抗力の比を示す揚抗比が大きく、これと等しい下降距離と前進距離の比である滑空比が大きいため、より遠くへ滑空できます。

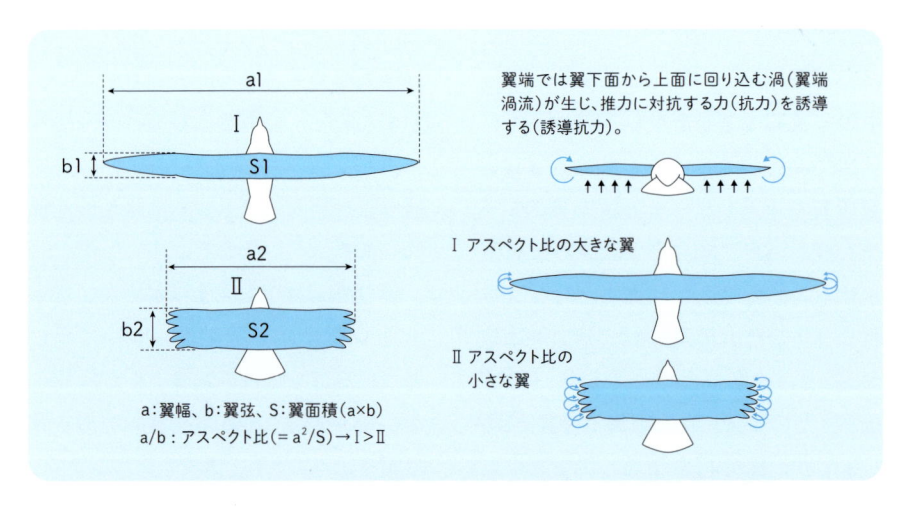

翼端では翼下面から上面に回り込む渦（翼端渦流）が生じ、推力に対抗する力（抗力）を誘導する（誘導抗力）。

I アスペクト比の大きな翼

II アスペクト比の小さな翼

a：翼幅、b：翼弦、S：翼面積（a×b）
a/b：アスペクト比（＝ a^2/S）→ I＞II

2　翼の先端の形と腕の長さ

翼先端の形には、大別して裂翼と尖翼の2種類があります。裂翼は、翼端の抵抗が大きく高速飛行には適していませんが、裂翼のスロット効果（p.18）で失速を防ぐことができるので、低速飛行に適しています。尖翼は翼端に生じる抵抗が少ないため高速飛行に適していますが、低速では翼端から失速しやすくなります。

腕の長さは、上腕と前腕の長さのことで、揚力を生む部分の翼の長さです。腕の長い翼は、滑空性能はよいものの肩への負担が大きく、素早く羽ばたくことができません。一方、腕の短い翼は肩への負担が少ないため、素早い羽ばたきに適していますが、滑空性能に劣ります。

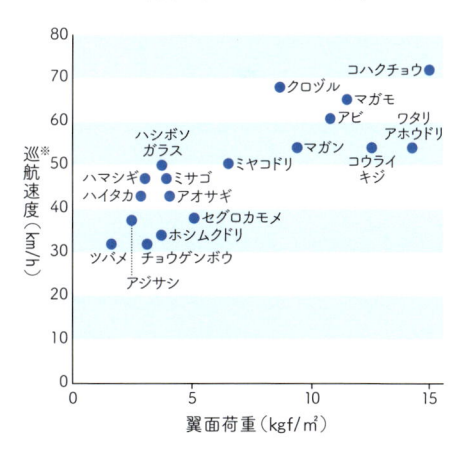

尖翼

ハヤブサ

裂翼

オオタカ

3　翼面荷重

翼面荷重は、重量W（kgf）を翼の面積S（m²）で割った値で、翼の単位面積当たりにかかる重量のことです。揚力Lは、翼面積Sと速度Vの2乗に比例します（$L \propto S \times V^2$）。一定速度Vで水平飛行する鳥に働く力は、揚力Lと重量Wが等しく釣り合っているので（$L = W$）、重量Wは翼面積と速度の二乗に比例します（$W \propto S \times V^2$）。したがって、翼面荷重W/Sは、速度の二乗に比例します（$W/S \propto V^2$）。翼面荷重の大きな鳥ほど、巡航速度が速くなる傾向があります。

〈 翼面荷重と巡航速度 〉

縦軸：巡航※速度（km/h）　横軸：翼面荷重（kgf/m²）

コハクチョウ、クロヅル、マガモ、アビ、ワタリアホウドリ、ハシボソガラス、マガン、コウライキジ、ミヤコドリ、ハマシギ、ミサゴ、ハイタカ、アオサギ、セグロカモメ、ホシムクドリ、ツバメ、チョウゲンボウ、アジサシ

※巡航速度＝同じエネルギーで、最も長い距離進むことのできる速度（最大飛行距離速度）

017

翼の形と飛行性能

ノスリ（FK）

1 静的帆翔型

　熱上昇気流の中をゆっくり輪を描いて飛ぶ鳥たちの翼は、初列風切がまるで指を広げたように大きく分かれている裂翼です。比較的幅の広い翼は、翼端に生じる渦（翼端渦流）が大きな誘導抗力となって失速の原因となりますが、分かれた翼の先端は、その隙間（スロット）を通った風が、渦を吹き飛ばして失速を防ぎます。また、上向きに反った翼の先端も翼端渦流を小さくして、誘導抗力を抑えることで揚力を保ちます。最近製造された飛行機の

翼端にもウイングレットと呼ばれる同じような構造が見られ、高揚力装置として機能しています。

　裂翼は低速の飛行を可能にし、上空でくるりと輪を描くことができることから、熱上昇気流の気泡の中から抜け出さずに帆翔し続けることができます。

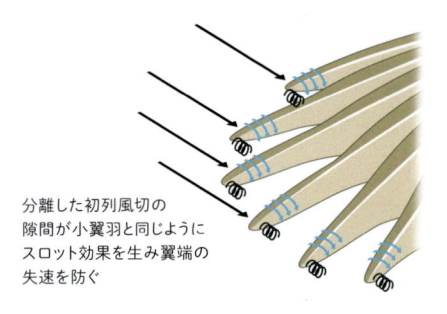

分離した初列風切の
隙間が小翼羽と同じように
スロット効果を生み翼端の
失速を防ぐ

2 動的帆翔型

　動的帆翔は、ダイナミックソアリングともいい、海上風の海面から10mくらいの高さまでの速度差を利用する飛び方で、アホウドリやミズナギドリのなかまで見られます。このなかまの翼は、腕が長い尖翼です。グライダーのようにアスペクト比が大きい細長い翼は、低速では失速しやすい短所がありますが、高速では滑空比の大きい高性能な翼です。初列風切の先端がとがっているので、誘導抵抗を生む翼端渦流は小さく、高速飛行を可能に

しています。

　広い海の中で獲物の集まるよい漁場を見つけるため、省エネ高速飛行で広範囲を探索することを可能にした翼の形です。

アホウドリ

3 万能型

地上から樹上へ、枝から枝へ、短距離を頻繁に離着陸することの多い鳥たちの翼の形は扇型です。翼の長さは帆翔型の鳥ほど長くないので、羽ばたきによる肩への負担も少なく、素早く羽ばたくことができます。急に飛び立つこともできるし、狭い場所でも障害物を避けながら飛び回る繊細な操縦技術ももっています。

一方、急な羽ばたきで一定時間は高速飛行もできますが、これを維持することはできません。一つの飛び方に特化した翼型ではありませんが、さまざまな飛び方を可能にした万能の翼で、多くのスズメ目の小鳥に見られます。

シジュウカラ（FK）

これらの翼型の鳥の多くには翼端が分離した翼裂があります。最近の研究により、この翼裂は、羽ばたいて飛び立つときに生ずる翼端渦流を小さくし、誘導抵抗を減らす高揚力装置であることがわかってきました。小型の鳥の翼裂は、離陸を助ける構造です。

4 高速飛行型

高速飛行する鳥は、尖翼で扁平な翼型です。先端がとがっているので、翼端渦流による誘導抗力が小さく、推力をさまたげません。また、キャンバーが小さく扁平な翼は、空気抵抗が少なく、高速飛行に適しています。湾曲のあるキャンバーの大きい翼よりも生み出す揚力は小さいのですが、飛行速度が速いため、揚力を十分に得ることができます（揚力は速度の二乗に比例して増加）。また、羽ばたくときに肩へ負担がかかる腕が短く、初列風切は

ヒメアマツバメ（FK）

長いので、強い推力を生み出し、高速飛行を続けることができます。

カモやハト、アジサシ、アマツバメ、シギ、チドリ、ハヤブサ、ツバメのなかまなどに見られる翼型です。

本書の見方

本書は「鳥が飛ぶ」という常識にあらためて注目し、掲載種161種すべてを飛翔写真で紹介した野鳥図鑑です。飛翔のメカニズムは複雑で、いまだわかっていないことばかりですが、できるだけ飛ぶことにまつわる生態を紹介することを心がけました。華麗な飛翔写真を楽しみながら、野外で野鳥が飛ぶ姿に再注目していただければ幸いです。

❶ **❷**

春先にシデ類の雄花が咲くと、停空飛翔しながら花をもぎとり、中の虫を採食する(JT)

秋にエゴノキの実が熟すと、さかんに採取し、食べたり、貯蔵したりする(FK)

シジュウカラ科

ヤマガラ ｜山雀｜

学　名	Sittiparus varius
英　名	Varied Tit
科属名	シジュウカラ科ヤマガラ属
全　長	14〜15cm
季節性	留鳥

❸ **❹**

せっせと木の実を運ぶ

平地から低山の樹林地に生息し、木の実を好んで食べる。足と嘴を使って実を引き寄せたり、枝上にとまりながら両足で堅い実を押さえ、嘴でつつき割って食べたりするなど、さまざまな採食方法が見られる。秋には木の実を樹皮の間や、枝の割れ目などに貯蔵する。かつては本種の採食方法に見られる、高い学習能力を利用した「おみくじ引き」の見せ物が、各地の神社の境内で行われていた。枝から枝へ、または地上へ頻繁に飛び移りながら採食するには、自在な飛翔が可能な扇翼型の翼が適している。

扇翼型

翼開長　●22cm

初列風切	10枚
次列風切	9(6+3)枚
尾　羽	12枚

❺ **❻** **❼**

雌雄同色。胸から腹は橙色で翼と尾羽は青灰色

124

❶ 飛翔写真

できるだけ華麗で美しい写真や、その鳥の飛翔にまつわる生態を示す写真を掲載。同じ鳥の異なる飛翔や、同じ科や属の別種の飛翔をサブカットとして掲載している場合もあります。

❷ 写真説明

その鳥の生態のほか、撮影者が観察した行動や、感じたことを紹介しています。キャプション末尾のイニシャルは撮影した共著者の氏名で、（FK）は小堀文彦、（YS）は齊藤安行、（JT）は髙野丈です。それ以外の方から提供していただいた写真には、撮影者氏名を漢字で表記しています。

❸ 名前と分類、サイズ

和名と学名および英名、科や属などの分類については日本鳥学会の『日本鳥類目録改訂第8版』に準拠しています。全長や翼開長については『野鳥便覧』をはじめ、巻末に掲載した複数の参考文献・資料を参照、掲載しています。

❹ 解説文

分布や生息環境、形態的な特徴、季節性などその鳥の基本情報と、翼の形や飛翔にまつわる生態を紹介しています。季節性については、一般的によく見かける時期を渡りの習性で示し、本州中部の平地を基準にしています。海洋の鳥、高山鳥など分布が局地的な場合は例外を補足しています。翼や形態に関連して紹介している翼面荷重やアスペクト比については、体重や翼開長、翼面積から求めますが、これらの計測値には個体差や計測誤差が含まれるため大きなばらつきがあります。あくまでも翼の特性を把握するための目安として、代表的な数値を選び引用しました。参考にした資料・文献については巻末にまとめています。

❺ 翼の形

腕の長さを3段階、翼（もしくは翼先端）の形を4種類に分け、成立する10通りの組み合わせで、その鳥の翼の形を定義・分類した黒田長久博士の分類にしたがいました（下の表参照）。

	長腕	中腕	短腕
尖翼	尖翼長腕型 アホウドリ類など	尖翼中腕型 カモ類など	尖翼短腕型 ツバメなど
裂翼	裂翼長腕型 トビなど	裂翼中腕型 オオタカなど	裂翼短腕型 キジなど
円翼	円翼長腕型 コミミズクなど	円翼中腕型 オオバンなど	円翼短腕型 ウグイスなど
扇翼	—	—	扇翼型 スズメなど

❻ 翼開イラスト

翼を開いた状態を真上から俯瞰した模式的なイラスト。実物の剥製標本や写真など複数の資料を参考にしてできるだけ忠実に作成していますが、厳密な正確性を保証するものではありません。翼開長や風切羽と尾羽の枚数も掲載しました。初列風切と次列風切は片翼の枚数で、微小な（痕跡的な）最外初列風切の枚数は含めていません。尾羽は両側の枚数です。多くのスズメ目については次列風切と三列風切の区別が容易なので、合計枚数とその内訳を示しました。次列風切枚数には個体差があるため、代表的な枚数を示しました。

❼ イラスト

掲載している写真がすべて飛んでいる姿なので、翼をたたんでとまっている姿をイラストで示しました。性的二型の認められる種については、できるだけ雌雄の羽色や特徴を紹介しています。

※解説文の執筆・図版作成など参考にした資料・文献についてはp.190にまとめてあります。

真っ赤な嘴と翼先の黒い初列風切が目立つ

ハクガン ｜白雁｜

学　名	Anser caerulescens
英　名	Snow Goose
科属名	カモ科マガン属
全　長	66~84cm
季節性	冬鳥

裂翼長腕型

翼開長	●132〜165㎝
初列風切	10枚
次列風切	17枚
尾　羽	16〜18枚

空を埋め尽くす白い大群

日本では局地的に数羽の群れが見られる程度で、一時姿を消しかけた冬鳥であったが、1993年に開始されたハクガン復元計画以降徐々に個体数が増加し、現在では2,000羽を超える群れが観察される越冬地もある。マガンとほぼ同じ大きさで、深紅の嘴と足、黒い初列風切以外の羽毛は全身白色。越冬地では、Ｖ字編隊を組んで採食場とねぐらを往復する姿が見られる。ねぐら入りのときに、周辺の採食場から次々と飛来するハクガンの群れで上空一面埋め尽くされる光景は圧巻である。

雌雄同色。深紅の嘴と足が目立つ

ねぐら入り時「落雁」のシーン。翼を広げた状態で体を左右に揺らしながら急降下、着水する

胸筋の毛細血管が発達し、酸素が大量に供給されるので、長時間の飛行が可能になる

マガン | 真雁 |

学　名	*Anser albifrons*
英　名	Greater White-fronted Goose
科属名	カモ科マガン属
全　長	65~86cm
季節性	冬鳥

編隊を組んで長距離を渡る

毎年、片道4,000kmの旅を続けて日本の越冬地へ渡ってくる。長時間の羽ばたき飛行を支える胸筋は、持久力にすぐれた赤色筋を多く含んでいる。越冬地ではおもに湖沼でねぐらをとり、明け方に採食場所の水田地帯へと飛び出す。群れで飛ぶときには、L字型やV字型の編隊を組む。編隊飛行は、前を飛ぶ個体の翼端渦流の上向きの位置に翼を重ねることで、揚力を得る省エネ効果がある。夕方、採食場所から帰ってきた群れが、上空からねぐらの湖沼めがけて急降下する「落雁」のシーンは越冬地の風物詩。

裂翼長腕型

翼開長 ● 135〜165㎝

初列風切 | 10枚
次列風切 | 19枚
尾　羽 | 16〜18枚

カモ科

雌雄同色。嘴は橙色で、基部は白い

飛び立つときには、大きな
羽音が聞こえる

コブハクチョウ | 瘤白鳥 |

学　名	*Cygnus olor*
英　名	Mute Swan
科属名	カモ科ハクチョウ属
全　長	125〜160cm
季節性	留鳥

最重量級の体を支える力強い翼

野生種の渡来記録はあるが、現在国内で見ら
れる本種のほとんどは、原産地のユーラシア大
陸から人が持ち込んだものが全国各地で増殖
したものと考えられている。人をあまり恐れず、
繁殖地の湖沼では、人通りの多い湖岸の道路
脇で営巣し子育てすることもある。ひな連れの
つがいのオスは大きな翼を広げてひなを守る。
羽ばたく力は強く、翼で打たれた人が骨折した
例もある。飛ぶ鳥の中では最重量クラスで体重
は約12kg。水面から助走をつけて飛び立つと
きの羽音は大きく、遠くからでもよく聞こえる。

**裂翼
長腕型**

翼開長 ●	200〜238cm
初列風切	10枚
次列風切	22〜28枚
尾　　羽	20〜24枚

嘴は橙色で、つけ根に黒いこぶがあり、
オスの方が大きい

揚力を得るため、風上に向かって助走しながら羽ばたく（FK）

コハクチョウ ｜ 小白鳥 ｜

学　名	*Cygnus columbianus*
英　名	Tundra Swan
科属名	カモ科ハクチョウ属
全　長	115〜150cm
季節性	冬鳥

北極圏から飛来する冬の使者

オオハクチョウに姿がよく似ているが、体重約15kgのオオハクチョウに対し、約7kgとかなり小さい。本種はオオハクチョウより高緯度地域の北極圏で繁殖する。越冬地では、家族群ごとにまとまって行動し、ねぐらの湖沼と採食場の水田地帯を往復する日周行動が見られる。飛び立つときには、いったん風下に移動し、あらためて風上に向かって羽ばたきながら助走して飛び上がる。これは十分な揚力を生むことのできる対空速度を得るための、重量級の鳥ならではの習性。上空では編隊を組んで飛行する。

裂翼長腕型

翼開長 ●	180〜225cm
初列風切	10枚
次列風切	20＋枚
尾　羽	20枚

カモ科

幼 幼鳥は全体に灰色

嘴の黄色い部分がオオハクチョウより小さい

オス。鳴きながら林内を飛び回る姿を見かけることも（FK）

オシドリ ｜鴛鴦｜

学 名	*Aix galericulata*
英 名	Mandarin Duck
科属名	カモ科オシドリ属
全 長	41〜47cm
季節性	留鳥／冬鳥（北海道では夏鳥）

林内も巧みに飛び回る

樹林に囲まれた湖沼や池で、群れで越冬し、国内でも繁殖する。カモのなかまでは小型で翼面荷重も比較的軽いため、林内を巧みに飛翔することができる。大木の樹洞で営巣することもある。孵化したひなは、まだ飛べないうちに巣から落下するようにして巣立つ。巣箱や石垣の隙間など、人工構造物で繁殖した例もある。オスの三列風切の中の一枚は、銀杏羽（いちょうばね）と呼ばれるイチョウの葉のような形で橙色の目立つ羽毛で、メスへの求愛に使われると同時に、飛翔時には揚力を生む翼の一部として機能する。

尖翼中腕型	翼開長	● 68〜74cm
	初列風切	10枚
	次列風切	13〜14枚
	尾 羽	16枚

オスはカラフルで、嘴が赤い。
メスは灰褐色で、目の後方に白い線がある

オス。関東地方では珍しいカモだったが、近年飛来数が急増している（JT）

トモエガモ │ 巴鴨 │

学　名	*Sibirionetta formosa*
英　名	Baikal Teal
科属名	カモ科トモエガモ属
全　長	39~43cm
季節性	冬鳥

近年、飛来数が増えている

東アジアの高緯度地域で繁殖する小型のカモ。一時個体数が減少傾向にあったが、2010年以降、数万を超える大群が飛来する越冬地が見られるようになった。越冬地の湖沼では、漁船や飛来する猛禽類に驚いて飛び立った大群が上空を旋回する光景や、日没時に空を覆い尽くすような大群が採食場の水田地帯に飛来する光景が見られる。また、越冬地の一つである宍道湖では、朝と夕に丘陵地の林内へ向かって飛び立つことが観察されており、オシドリ（左頁）のようにドングリを食べていると考えられている。

尖翼中腕型

翼開長	● 65～75cm
初列風切	10枚
次列風切	12～13枚
尾　羽	16枚

カモ科

メスの嘴のつけ根には丸い白斑がある ♀

♂

オスの頭部は光沢のある緑色、クリーム色、黒い線の巴模様

オス。飛翔時には翼上面の
青灰色がよく目立つ(JT)

ハシビロガモ ｜嘴広鴨｜

学　名	*Spatula clypeata*
英　名	Northern Shoveler
科属名	カモ科ハシビロガモ属
全　長	43~56cm
季節性	冬鳥(北海道では基本的に夏鳥)

嘴が幅広で、翼を広げるとカラフル

ユーラシア大陸と北アメリカ大陸の中緯度地方で繁殖し、日本国内には冬期に飛来する。和名のとおり幅広い嘴をもつことが特徴で、嘴の両脇には長い櫛状の構造がある。嘴を水面につけて進み、ぶ厚い舌を前後させることで嘴の前方から水を吸い込み、嘴の両脇から排水する。この時、櫛状の構造がふるいの役割を果たし、こしとったプランクトンを採食する。集団でぐるぐる輪を描くように水面を回る習性がある。渦を起こすことで、下層のプランクトンを上層に浮かび上がらせる効果があると考えられている。

**尖翼
中腕型**

翼開長 ●70〜85cm	
初列風切	10枚
次列風切	15〜16枚
尾　羽	16枚

メスのような羽色のオスがいるが、
虹彩が黄色(メスは褐色)

全体に地味な羽色だが、翼を広げると次列風切の光沢ある青色が美しい（FK）

足は赤橙色で目立つ（FK）

カルガモ ｜軽鴨｜

学　名	*Anas zonorhyncha*
英　名	Eastern Spot-billed Duck
科属名	カモ科マガモ属
全　長	58〜63cm
季節性	留鳥

尖翼中腕型

翼開長 ● 80〜95cm		
初列風切	10枚	
次列風切	16〜17枚	
尾　羽	18枚	

通年、飛ぶ姿が見られる

多くが冬鳥である国内のカモのなかまでは少数派の留鳥で、全国で繁殖する。北海道では多くが夏鳥。マガモとほぼ同大で、羽ばたき高速飛行する飛翔スタイルも同じ。類縁も近く、マガモを家禽化したアヒルと雑種をつくることもある。カモのなかまは、繁殖が終わると一斉に換羽を始め、飛翔に必要な風切羽が同時期に抜け落ちるため一時的に無飛力になる。この時期は、池や沼など地上の天敵が近づけない水域に避難する。水浴びの後に行う羽ばたきを観察すると、風切羽が抜けた翼を確認できる。

幼

雌雄ほぼ同色だが、メスのほうが体が小さく、尾羽を覆う上下の羽毛が明るい茶色で縁取られる

オス。雌雄とも次列風切は
カルガモによく似た光沢あ
る青色で、ふちは白い（FK）

マガモ ｜真鴨｜

学　名	*Anas platyrhynchos*
英　名	Mallard
科属名	カモ科マガモ属
全　長	50～65cm
季節性	冬鳥（北海道と本州の一部で繁殖）

黄色い嘴と光沢ある緑色の頭

北海道や本州の一部で繁殖するが、多くは国内に渡来する冬鳥。アヒルの原種である。北方の繁殖地から羽ばたき飛行で片道3,000kmの旅ができるほど、高速の長距離飛行に適した翼型である。翼の先端がとがり、誘導抵抗を抑えることで高速飛行が可能になる。長距離の渡りをする冬鳥のカモの多くが同じ翼型である。羽ばたきの動力である胸筋は大きく強力で、中腕型の翼で羽ばたき続けるパワーを生み出す。翼面荷重は10kg/㎡と比較的重く、巡航速度は時速60km に達する。

尖翼中腕型

翼開長 ●	75～100㎝
初列風切	10枚
次列風切	16～17枚
尾　羽	18～20枚

メスの嘴は橙色で、
中央に黒い部分がある

♀

♂

オスは頭部が光沢ある緑色で、
嘴は黄色い

飛びながら首を立てて鳴き、
メスにアピールするオス（JT）

オス。次列風切の色は、光沢のある緑色から紫色、茶色と光の角度によって変化して見える（FK）

オナガガモ ｜尾長鴨｜

学　名	*Anas acuta*
英　名	Northern Pintail
科属名	カモ科マガモ属
全　長	♂61~76cm、♀51~57cm
季節性	冬鳥

オスの尾羽が針のように細長い

ユーラシア大陸と北アメリカ大陸の中・高緯度地方で繁殖する。冬期日本で見られる個体は、広範な繁殖地から集まることが知られており、長距離飛行の能力は高い。オスは中央尾羽2枚が針のように細長く、これが和名や英名の由来。飛翔時にもよく目立つ。国内では、冬期全国の湖沼で見られ、最も目にする機会の多いカモの一種である。越冬地の湖沼では、水面で一羽のメスを囲んでオスが集団で求愛する場面を見かけるほか、飛び上がったメスをオスが集団で囲い込んで飛翔する求愛行動もよく見られる。

尖翼中腕型

翼開長 ● 80~95cm	
初列風切	10枚
次列風切	17枚
尾　羽	16枚

カモ科

飛来当初、オスの中央尾羽は短めで
真冬にかけて伸びていく

狭い空間でも容易に離着陸できる（FK）

翼鏡やオス（右）の目の周囲は緑色だが、光の角度によっては青みを帯びて見える（JT）

コガモ ｜小鴨｜

学　名	*Anas crecca*
英　名	Green-winged Teal
科属名	カモ科マガモ属
全　長	34~38cm
季節性	冬鳥

国内最小級のカモ

渡来時期が最も早く、渡去時期が最も遅いカモのなかま。9月頃国内に飛来し、おおむね翌年の5月まで全国の湖沼で見られる。名前のとおり小型で体重約300g前後。幅の狭い川や護岸された水路、ヨシ原の端にもよく入り込む。カモのなかまとしては翼面荷重が比較的軽く、狭い空間でも離着陸できる。天敵から逃れるため水面から急に飛び上がる場合は、翼で水面を打ちほぼ垂直に離陸する。巧みな飛翔能力を活かして、狭い水路や水たまりに降りて採食することができる。

尖翼中腕型

翼開長 ● 58〜64㎝

初列風切	10枚
次列風切	14〜15枚
尾　羽	16枚

♀

♂

オスの頭と尾羽を上げる「反り縮み」はメスへの求愛行動の一つ

オスは橙の頭部、黒い胸部、白い
翼のコントラストが美しい(JT)

ホシハジロ ｜星羽白｜

学　名	*Aythya ferina*
英　名	Common Pochard
科属名	カモ科スズガモ属
全　長	42〜49cm
季節性	冬鳥

頭と目が赤い潜水採食カモ

冬期に全国の湖沼に渡来する渡り鳥。潜水して貝や水草を採食する。潜水して採食するカモを潜水採食カモ、水面で採食するカモを水面採食カモと呼び、採食生態で区別することがある。潜水採食カモは水中に潜るため、浮力が重く水かきが大きい。翼面荷重は13〜14kg/㎡と小さく、その分より速い巡航速度が求められる。水面採食ガモと同じ尖翼中腕型だが、翼裂は少なめで翼端はとがり、高速飛行に適した翼形である。揚力を得るための速度に達するまで水面を助走しなければ、飛び上がることができない。

尖翼中腕型

翼開長	●72〜82㎝
初列風切	10枚
次列風切	17〜18枚
尾　羽	14枚

カモ科

♀
♂

メスの特徴はつかみづらいが、
虹彩が暗色で、目の後方に白い線がある

メス。翼の白と黒のコントラストが美しい(JT)

オス。体に対して翼が小さく見える(JT)

キンクロハジロ | 金黒羽白 |

学　名	Aythya fuligula
英　名	Tufted Duck
科属名	カモ科スズガモ属
全　長	40~47cm
季節性	冬鳥

尖翼中腕型

翼開長 ● 60~73㎝

初列風切	10枚
次列風切	18枚
尾　羽	14枚

白黒の羽色と黄色い虹彩

全国の湖沼に冬期に渡来するカモで、北海道の一部では繁殖する。潜水して水底で貝類やゴカイ類を採食する潜水採食カモ。貝類の採食では、丸呑みして強力な筋胃で殻を砕く。貝類主食の個体群とゴカイ類主食の個体群では、筋胃の発達具合が異なることが確認されている。飛翔する鳥は、軽量化のためにさまざまな器官を繁殖・渡りの時期や周辺環境や食性に合わせて変化させる。潜水が得意な本種は翼面荷重が12〜15kg/㎡と比較的重く、飛び立つときには助走が必要である。

メスには嘴のつけ根が白い個体もいる

♀

♂

オスの頭部には冠羽がある

翼が風を切る音が鈴の音のように聞こえるが、本種に限ったことではない

スズガモ ｜鈴鴨｜

学　名	*Aythya marila*
英　名	Greater Scaup
科属名	カモ科スズガモ属
全　長	40〜51cm
季節性	冬鳥

「鈴の音」は、実は本種に限らない

ユーラシア大陸や北米大陸のツンドラ地帯で繁殖し、冬期日本全国の干潟の海岸や広い湖沼に渡来する。潜水しておもに貝類を採食する潜水採食カモ。翼面荷重は重く（15kg/㎡）、水面から飛び立つときには助走が必要である。高速飛行に適した先のとがった翼を素早く羽ばたかせて長距離飛行することができる。群れで飛行する集団が近くを通ると、ヒュンヒュンヒュンという風切音が聞こえる。本種の和名は、この羽音を鈴の音に例えたのが由来といわれている。が、これはカモ類全般にいえることだ。

尖翼 中腕型

翼開長	●72〜84cm
初列風切	10枚
次列風切	18枚
尾　羽	14枚

カモ科

雌雄ともキンクロハジロに似るが、上面の羽色や頭部の形が異なる

オスは嘴の上の橙黄色のこぶが目立つ

翼の拡大。最外初列風切の内側に切れ込みがあることがわかる（YS）

クロガモ ｜黒鴨｜

学　名	*Melanitta americana*
英　名	Black Scoter
科属名	カモ科ビロードキンクロ属
全　長	44〜54cm
季節性	冬鳥

海に生息する黒いカモ

ユーラシア大陸東部と北アメリカ大陸のツンドラで繁殖。国内には冬期に飛来し、海岸や漁港などで見られる。オスは全身黒色で上嘴基部の黄色いこぶが目立つ。メスは全体にこげ茶色でほおから喉にかけて白い。海上で1羽のメスを複数のオスが囲い込む求愛行動が見られ、オスはピューイ、ピューイと笛のような音色の尻下がりの物悲し気な声で鳴き、ディスプレイを行う。オスの成鳥は初列風切最外の内弁に大きな欠刻（切れ込み）があり、羽ばたくとヒュッヒュッヒュッとホイッスルのような音が出る。

尖翼中腕型

翼開長 ● 79〜90cm	
初列風切	10枚
次列風切	16枚
尾　羽	14枚

♀

♂

オスは全身黒く、嘴のつけ根に黄色いこぶがある

雪の残る斜面を背景に、羽ばたき滑空飛翔を行うオス

ライチョウ ｜雷鳥｜

学 名	*Lagopus muta*
英 名	Rock Ptarmigan
科属名	キジ科ライチョウ属
全 長	37cm
季節性	留鳥（本州中部の高山帯に生息）

ここぞというときに飛ぶ

本州中部地方の標高2,400m以上のハイマツが優占する環境に生息する。氷河時代からの環境が残る高山帯に生き残った遺存種として知られ、地上を歩きながらハイマツの果実などを採食する。巣もハイマツの中の地上につくられる。繁殖期になると、なわばり争いや求愛行動で飛翔する。裂翼短腕型の翼を力強く羽ばたかせて上昇し、翼を広げて滑空するという羽ばたき滑空飛翔を行う。出生地からより遠くへ分散する傾向のあるメスでは、北アルプスから数十キロ離れた白山や中央アルプスへ移動した例が知られている。

裂翼短腕型

翼開長 ● 59cm	
初列風切	10枚
次列風切	17枚
尾 羽	16枚

♀

♂

雌雄とも完全な冬羽では白い羽毛になる

オスの見事な尾羽は、日本の鳥で一二を争う美しさ ©吉村正則

ヤマドリ ｜山鳥｜

学　名	Syrmaticus soemmerringii
英　名	Copper Pheasant
科属名	キジ科ヤマドリ属
全　長	♂125cm、♀55cm
季節性	留鳥

裂翼短腕型

翼開長 ● 70〜81cm	
初列風切	10枚
次列風切	17枚
尾　羽	18枚

メスはキジに似るが、キジに比べて尾羽が短く、丸みがあって先端は白い

尾羽が長く美しい「日本の鳥」

本州、四国、九州に分布する日本固有種。丘陵地から山地にかけて、よく茂った沢沿いの林内に生息する。天敵が現れると、力強く羽ばたいて飛び出し、谷沿いを一気に滑翔して下る。混み合った林内の下草の中に潜むことが多いため、姿は見づらい。存在に気づかずに歩いていると、すぐ脇から大きな羽音とともに急に飛び出し、驚かされることがある。繁殖期のオスは、地上で羽ばたいて翼を打ち鳴らしてドドドッという大きな音を出し、敵を威嚇したり、なわばりを主張したりすることがある。

風切羽の羽軸が弓のように大きく湾曲し、翼全体の丸み（キャンバー）を増していることも揚力を得るために有利な構造。オス（FK）

メスは目立たない羽色で、オスほど尾羽が長くない（FK）

キジ ｜雉｜

学　名	*Phasianus versicolor*
英　名	Green Pheasant
科属名	キジ科キジ属
全　長	♂80cm、♀60cm
季節性	留鳥

音を出すのにも使う、力強い翼

本州、四国、九州に分布する日本固有種で、子育ても採食も地上で行う地上性の鳥。発達した脚で草むらの中を歩き回る。地上の天敵に出会った瞬間、力強く羽ばたいて飛び上がり、羽ばたき滑空飛行で付近の安全な場所に移動する。力強い羽ばたきは、飛翔以外でも母衣打（ほろう）ちと呼ばれる、翼を羽ばたいて音を出すオスのなわばり宣言や他個体との闘争にも役立っている。短い腕は肩への負担が少なく素早い羽ばたきに適し、裂翼は飛び立つときに翼端の空気の流れを整える高揚力装置として働く。

裂翼 短腕型

翼開長 ● 72〜82㎝	
初列風切	10枚
次列風切	16〜18枚
尾　羽	18枚

オスの顔の赤い部分は羽毛ではなく、皮膚

♀

♂

オスは、翼を広げると白斑が目立つ ©大場弘之

ふつう日中に飛ぶことはないが、天敵が巣に近づくと飛ぶことがある ©大場弘之

ヨタカ科

ヨタカ ｜夜鷹｜

学　名	*Caprimulgus jotaka*
英　名	Grey Nightjar
科属名	ヨタカ科ヨタカ属
全　長	29cm
季節性	夏鳥

尖翼
短腕型

翼開長 ● 61㎝

初列風切	10枚
次列風切	12枚
尾　羽	10枚

夜に大口を開けて飛び、昆虫を捕らえる

九州以北に飛来する夏鳥。飛翔する昆虫を飛びながら捕食する習性はツバメに似ているが、本種は夜行性。日中は木の枝に平行にとまって休むが、複雑な羽色が保護色となって目立たない。高速飛行に適した尖翼と、力強い羽ばたきに適した短腕の翼を使った巧みな飛行で狩りをする。翼面荷重が1〜2kg/㎡と軽く、身軽な飛行を可能にしている。縁に剛毛の生えた大きく開く口は、捕虫網のように飛びながら昆虫を捕らえるのに適した形である。嘴の上下の骨とも柔軟なため、口を大きく丸く開くことができる。

見事な保護色で
木のこぶのようにしか見えない

鎌形の細長い翼は、前縁に
生ずる気流の渦により揚力を
得ることができる ©北川譲

空中生活に特化し、水浴
びも水飲みも飛びながら
行う ©北川譲

ハリオアマツバメ ｜針尾雨燕｜

学　名	*Hirundapus caudacutus*
英　名	White-throated Needletail
科属名	アマツバメ科ハリオアマツバメ属
全　長	19～21cm
季節性	夏鳥

尖翼短腕型

翼開長 ● 50～53㎝	
初列風切	10枚
次列風切	9枚
尾　羽	10枚

鳥類最速級の飛行速度

本州中部以北に渡来する夏鳥で、鳥類最速級の水平飛行速度を出すことができるといわれている。尖翼は空気抵抗が少なく、短腕の翼は、高速の羽ばたき飛行に適している。ハチドリと同じように、打ち上げの羽ばたきでも風を押して推進力を得ることができる。アマツバメのなかまの翼面荷重は軽く、長時間上空を省エネで飛び続け、空中の昆虫を捕食できる。渡り経路の調査によって、繁殖地の北海道と越冬地のオーストラリアを往復約4万kmも移動していることがわかった。

崖や壁面に垂直にとまる

都心のオフィスビル
にすんでいる個体群
もいる（JT）

飛んでいる虫を見つ
けると、口を大きく開
けて捕食する（JT）

ヒメアマツバメ ｜姫雨燕｜

学　名	*Apus nipalensis*
英　名	House Swift
科属名	アマツバメ科アマツバメ属
全　長	13cm
季節性	留鳥

**尖翼
短腕型**

翼開長 ● 28㎝	
初列風切	10枚
次列風切	9枚
尾　羽	10枚

市街地上空も飛び回る小型のアマツバメ

空中生活に特化し、採食・飲水・水浴び・巣材集
め・交尾まで飛びながら行う小型のアマツバメ。
同じアマツバメのなかまのヨーロッパアマツバ
メでは、10カ月以上飛び続けた例もある。
1967年に静岡で繁殖が確認されて以来、
徐々に分布を広げ、現在各地で見られるように
なった。同属他種のアマツバメ類と異なり、渡
りをしない留鳥。橋桁や建造物の軒下に羽毛
を唾液で固めてつくった巣で子育てし、ねぐら
としても利用する。イワツバメやコシアカツバメ
の古巣を土台にして巣をつくることもある。

巣にいるとき以外はとまらない

ふだんはなかなか姿を現さないが、サクラで毛虫を食べているときは比較的見やすい(FK)

羽色が赤いタイプも見られる(FK)

ツツドリ ｜筒鳥｜

学　名	*Cuculus optatus*
英　名	Oriental Cuckoo
科属名	カッコウ科カッコウ属
全　長	32cm
季節性	夏鳥

毛虫が大好物

東南アジア、ニューギニア、オーストラリア北部で越冬し、繁殖のため日本へ渡来する夏鳥。本州ではセンダイムシクイ、北海道ではウグイスの巣に托卵することが知られている。抵抗の少ない尖翼型の翼で、肩にかかる負担の少ない短腕型の翼を小刻みに羽ばたかせて飛翔する。高度を下げるときや、とまり木に着地する前には、滑空性能のよい細長い翼を広げてなめらかな滑翔を見せる。繁殖後の秋の渡りでは、市街地近くのサクラの植栽された公園などに立ち寄り、おもに毛虫を好んで食べる。

尖翼 短腕型	翼開長 ● 56㎝
	初列風切 ｜ 10枚
	次列風切 ｜ 9枚
	尾　羽 ｜ 10枚

ふつう青灰色だが赤色のタイプもいる

浅く素早い羽ばたきで
直線的に飛ぶ

カッコウ ｜郭公｜

学　名	*Cuculus canorus*
英　名	Common Cuckoo
科属名	カッコウ科カッコウ属
全　長	33〜36cm
季節性	夏鳥

尖翼短腕型

翼開長	●55〜60cm
初列風切	10枚
次列風切	9枚
尾　羽	10枚

鳴き声がそのまま名前になった

ユーラシア大陸の広範囲で繁殖する。冬は、赤道を越えて長距離南下し、アフリカ大陸や東南アジアで越冬する。林地に近い草原や耕地など、開けた環境を好み、ホオジロやオオヨシキリ、モズ、オナガなどさまざまな種類の鳥に托卵する。繁殖期には、目立った場所にとまり、尾羽を高く上げて横に振りながら独特のポーズでさえずる。飛びながらさえずることもある。ツバメと同じ、アスペクト比8の空気抵抗が少ない細長い尖翼を素早く羽ばたかせて、上空を直線的に飛ぶ。

とまっているときによく尾羽を上げる

力強く羽ばたき、
高速で飛ぶ(FK)

翼を振り上げる途中、
半開きの翼を一瞬止め
るので、ぎこちない羽ば
たきに見える(FK)

キジバト │ 雉鳩 │

学　名	*Streptopelia orientalis*
英　名	Oriental Turtle Dove
科属名	ハト科キジバト属
全　長	32〜35cm
季節性	留鳥（北海道では夏鳥）

尖翼中腕型	翼開長 ●53〜60cm	
	初列風切	10枚
	次列風切	11枚
	尾　羽	12枚

のんびりしたイメージと裏腹な高速飛行

地上で頭を前後に振りながらウォーキングし、種子などを採食する。天敵が近づくと、翼を水平方向に羽ばたき急上昇する。この飛び立ち方は、公園で見かけるドバトと共通している。ドバトでは、翼を打ち上げるときにも、打ち下ろしと逆のピッチに初列風切の角度を変えて揚力を生むことが知られている。キジバトの水平飛行の羽ばたきでは、打ち上げ途中で翼を半開きにしたストップモーションを入れる。打ち下ろしで得た推力を、半開きにした翼で無駄なく揚力に変換し、高速で飛行する。

高速で飛ぶが、地上を歩くときは
ゆっくりした動き

スピードに乗ると翼を広げて滑翔することもある（FK）

海水や温泉水を飲むのは、果実食で不足する塩分を補給するためだと考えられている（FK）

アオバト ｜緑鳩｜

学　名	*Treron sieboldii*
英　名	White-bellied Green Pigeon
科属名	ハト科アオバト属
全　長	33cm
季節性	留鳥（北海道では夏鳥）

群れで海水を飲みにいく森のハト

日本、台湾、中国南東部、ベトナムに分布するハト類で、丘陵地から山地の森林に生息し、木の実を採食する。森を歩いているとオー、アオーという鳴き声がよく聞こえるが、羽色が森に溶け込むこともあって目にする機会は少ない。だが、初夏から秋にかけては開けた場所で海水や温泉水を集団で飲む習性があるため、観察しやすくなる。尖翼中腕型の翼を力強く羽ばたいて高速で飛行することができる。キジバト（p.45）のようなストップモーションは入れず、一定のリズムで羽ばたく。

尖翼中腕型

翼開長 ● 55㎝

初列風切	10枚
次列風切	11枚
尾　羽	12枚

♀

♂

雌雄ほぼ同色だが、オスの翼にはぶどう色の部分がある

飛ぶ姿を見かけるのはまれで、水路を横断するときなどに限られる（FK）

クイナ ｜秧鶏｜

学　　名	*Rallus indicus*
英　　名	Brown-cheeked Rail
科属名	クイナ科クイナ属
全　　長	28〜29cm
季節性	東北以北で夏鳥、本州中部以南で冬鳥

飛ぶ姿はなかなか見かけない

北海道や本州北部で繁殖し、冬期は本州南部で越冬するため、関東近辺では冬クイナの別称がある。近年関東や東海地方でも繁殖が確認されている。湿地の植生の中で活動するため、普段は人前に姿を見せないが、朝夕や雨天時などに開けた場所へ現れることがある。おもに地上を歩いて行動し、人や天敵に驚いても飛び出さず草の中に潜り込むため、飛翔シーンを見る機会は少ない。水路を横断するときなどの短距離飛行が見られるくらいだが、夜間上空を飛んで海峡を渡る姿も確認されている。

円翼中腕型

翼開長 ● 38〜45㎝	
初列風切	10枚
次列風切	14枚
尾　　羽	12枚

クイナ科

雌雄同色で
下嘴の橙色と顔の青灰色が目立つ

胸骨が小さく、羽ばたくための筋肉も発達していない

ヤンバルクイナ ｜山原秧鶏｜

学　名	*Hypotaenidia okinawae*
英　名	Okinawa Rail
科属名	クイナ科ヤンバルクイナ属
全　長	29~33cm
季節性	留鳥（沖縄本島北部）

裂翼短腕型

翼開長 ● 48〜50㎝	
初列風切	10枚
次列風切	不明
尾　羽	不明

日本唯一の飛べない鳥

1981年に新種として発見された日本で唯一の飛べない鳥。沖縄本島北部の山原（やんばる）地域に生息する日本固有種。地上で昆虫やカタツムリ、キノボリトカゲなどを採食し、夜間は傾斜した樹幹を駆け上り樹上でねぐらをとる。翼は飛び降りるとき、滑空に使われた事例があるのみ。海洋に囲まれた沖縄本島に飛来し、定着したヤンバルクイナの祖先には天敵がおらず、飛翔能力は必要がなかったのだろう。人が移入したマングースやネコなどの新たな天敵の出現や交通事故により、絶滅の危機に瀕している。

オスのほうがやや大きい

混み合った植生の中を歩き回る習性からは意外だが、アスペクト比8〜9の比較的細長い翼をもつ(FK)

バン ｜鷭｜

学　名	*Gallinula chloropus*
英　名	Common Moorhen
科属名	クイナ科バン属
全　長	30〜38cm
季節性	留鳥(東北以北では夏鳥)

普段は歩くか泳いで移動する

ヨシ原など湿地の植生の中に生息する。足指は長く、ぬかるんだ湿地や植生の上を歩くのに適している。水生植物の茎をからめてお椀形の巣をつくり、子育てする。種内托卵の習性があり、1巣に20卵以上産み込まれていた例もある。1回目の繁殖で巣立った幼鳥が、2回目の繁殖でヒナの子育てを手伝うことがある(ヘルパー)。繁殖期にはなわばり争いが見られ、尾羽の下を覆う白い下尾筒を見せつけたり、追いかけあう姿が見られる。普段はあまり飛ばず、岸辺を歩くか、水面を泳いで移動する。

円翼中腕型	翼開長 ● 50〜55cm	
	初列風切	10枚
	次列風切	12〜14枚
	尾　羽	12枚

クイナ科

足指は長く、しっかりしており、
水辺のぬかるみを歩くのに適している

水面から飛び立つときには助走が必要になる（JT）

歩くか泳ぐかで、飛ぶ姿を見る機会は少ない（FK）

オオバン ｜大鷭｜

学　名	*Fulica atra*
英　名	Eurasian Coot
科属名	クイナ科オオバン属
全　長	36~39cm
季節性	留鳥（北海道では夏鳥、本州以南では一部冬鳥）

円翼 中腕型

翼開長 ● 70～80cm

初列風切	10枚
次列風切	17～20枚
尾　羽	14枚

水陸両用だが飛ぶときは助走が必要

クイナのなかまでは最も水上生活に適しており、湖沼の開けた水面で観察できる。各足指には関節ごとに木の葉形の水かきがあり、潜水して水草を食べることができる。黒い羽毛と額板と呼ばれる額の白い部分のコントラストが目立つ。北海道や東北北部で繁殖する個体の一部は、越冬地へ南下して留鳥個体群と合流するものもいるようだ。繁殖期には、つがいごとになわばりをもち、水生植物の水際に枯れ草を重ねた浮巣をつくる。バンやクイナに比べて翼面荷重が大きく、飛び立つときには助走が必要だ。

繁殖期のオスは額板が発達する

飛行時は首を伸ばして飛ぶ。
つがいや家族群で行動する

マナヅル | 真那鶴 |

学　　名	*Antigone vipio*
英　　名	White-naped Crane
科属名	ツル科マナヅル属
全　　長	120～153cm
季節性	冬鳥

総個体数の約半分が国内で越冬

アムール川流域で繁殖する本種の総個体数は約6,000羽。その半数の約3,000羽が鹿児島県出水平野で越冬する。毎年10月中旬に渡来し、2月初旬に北帰行する。夜間は集団のねぐらで過ごし、早朝に周辺の水田地帯へ家族群がまとまって採食に出かける。日没前後にねぐらに戻ってくるが、ねぐらに近づくと、脚を降ろしたまま滑空し徐々に高度を下げる。何羽か集まって飛行するときには編隊を組む。北帰行は晴れた日の午前中に始まり、熱上昇気流を利用して高度を稼ぎながら渡っていく。

裂翼長腕型

翼開長 ● 160～208 cm

初列風切	10枚
次列風切	16枚
尾　　羽	12枚

ツル科

幼鳥は目の周囲が赤くない

雌雄が鳴き交わし、翼を広げて舞う情熱的なディスプレイ

タンチョウ ｜丹頂｜

学　名	*Grus japonensis*
英　名	Red-crowned Crane
科属名	ツル科クロヅル属
全　長	138~152cm
季節性	留鳥

裂翼 長腕型

翼開長 ● 220~250㎝

初列風切	10枚
次列風切	18枚
尾　羽	12枚

頭部の赤い部分は羽毛ではなく皮膚

北海道を象徴するツル

国内最大のツルで、北海道の湿地で地上営巣する。国内では一時絶滅も危ぶまれたが、生息地の保全や冬期の給餌活動などの保護活動が功を奏し個体数が増加した。名前の由来となった赤い頭頂部は皮膚が裸出したもの。冬期、給餌場では、雌雄が向かい合って鳴き交わしたり翼を広げて飛び跳ねたり、にぎやかな求愛のディスプレイが見られる。翼の打ち下ろしではじっくり力強く空気を押しこみ、素早い打ち上げの頂点で翼端をぱっと開き、打ち下ろしに備える羽ばたきのリズムは特徴的。

ふつう水辺を離れないので、飛ぶ姿を見かけるのはまれ。なわばり争いのときくらいだ（FK）

カイツブリ ｜鳰｜

学　名	*Tachybaptus ruficollis*
英　名	Little Grebe
科属名	カイツブリ科カイツブリ属
全　長	25〜29cm
季節性	留鳥

尖翼中腕型	翼開長 ● 40〜45cm	
	初列風切 ｜ 11枚	
	次列風切 ｜ 13枚	
	尾　羽 ｜ −	

水辺で生活し、潜水が得意

全国の湖沼に生息し、水辺から離れることはほとんどない。浮き巣で子育てし、潜水して小魚や甲殻類を採食する。水中での抵抗が少ないよう後肢が体後方に付いているため、巣の上では垂直に近い立ち姿となる。世界中に分布するカイツブリのなかまには飛翔力を失った種もいるが、一部の種は高速飛行に適した尖翼で、中腕の翼を羽ばたかせて長距離飛行できる。北海道のカイツブリの一部は、冬期本州へ南下するが、最近、実際に津軽海峡上空を夜間飛行する姿が撮影された。

幼

脚が体の後方に付いているため、潜水は得意だが歩くのは苦手

東京湾では越冬する大群が
飛ぶ姿を見られる（JT）

ミヤコドリ ｜ 都鳥 ｜

学　名	*Haematopus ostralegus*
英　名	Eurasian Oystercatcher
科属名	ミヤコドリ科ミヤコドリ属
全　長	40〜48cm
季節性	冬鳥

尖翼 中腕型	翼開長 ●80〜86cm
	初列風切 ｜ 10枚
	次列風切 ｜ 18〜20枚
	尾　羽 ｜ 12枚

にんじんのような橙色の嘴が飛翔時にも目立つ

在原業平が「名にしおはば　いざこと問はむ みやこどり　我が思ふ人は　ありやなしやと」と詠った「みやこどり」は、ユリカモメ（p.64）のこと。近年、主要な越冬地である東京湾や伊勢湾に渡来する個体数が増加している。英名のOystercatcher（オイスターキャッチャー）（カキ採集人）は、本種が貝類を主食としていることに由来する。嘴の先端が縦に扁平で、貝類をこじあけるのに適した形である。一方、ゴカイ類や比較的柔らかい貝類を主食とする個体の嘴はやや細めと、採食対象によって個体差がある。

嘴は先がとがっており、
貝のすきまに差し入れるのに都合がよい

長い足を後方へ伸ばす
独特の飛翔形（FK）

足も体も嘴も
細長い（FK）

セイタカシギ ｜丈高鷸｜

学　名	*Himantopus himantopus*
英　名	Black-winged Stilt
科属名	セイタカシギ科セイタカシギ属
全　長	30〜45cm
季節性	留鳥（関東や東海で局地的、ほか旅鳥や冬鳥）

尖翼
中腕型

翼開長 ●67〜83cm
初列風切 ｜10枚
次列風切 ｜17〜18枚
尾　羽 ｜12枚

細身で足が長いシギ

長い脚は体を濡らさずに浅瀬を歩き回ることに適し、細長い嘴で水生昆虫や小魚、両生類などをつまみ取って食べる。ユーラシア大陸全体に広く分布しているが、かつて日本国内では珍しい鳥だった。1970年代以降徐々に数が増え、越冬群や繁殖個体が観察されるようになり、今では全国各地で時々見られるようになった。繁殖期のオスは、ホバリングで上昇と下降を繰り返すディスプレイフライトを行うが、こうした飛行を可能にしているのは、翼面荷重が約2.7kg/㎡の肩への負担が少ない翼である。

頭部の羽色には
さまざまな
バリエーションがある

20～30羽ほどの群れで飛ぶ
ようすをよく見かける（FK）

飛翔時には翼の白と黒の
コントラストが目立つ（FK）

タゲリ ｜田計里｜

学　名	Vanellus vanellus
英　名	Northern Lapwing
科属名	チドリ科タゲリ属
全　長	28～31cm
季節性	冬鳥

円翼
中腕型

翼開長 ● 82～87cm

初列風切	10枚
次列風切	17～18枚
尾　羽	12枚

冬の農耕地をふわふわ飛ぶ

冬期に渡来するチドリのなかま。群れで行動しながら越冬する。チドリのなかまにしては翼面荷重が約3kg/㎡と軽く、ふわふわした羽ばたきで飛ぶ。天敵に出会うと身軽さを生かして急上昇、急旋回を繰り返して逃げる。求愛のディスプレイでも、この飛翔能力を生かしたディスプレイフライトを行う。水田や草地でおもに昆虫類を食べ、耕作地を耕すトラクターの後を追い、採食する光景もよく見られる。地上では目立たないが、飛び上がると翼の白黒のコントラストがよく目立つ。

地上にいるときは翼上面の光沢ある虹色と
ちょんまげのような冠羽が目立つ

同属の近縁種、イカルチドリも滑空性能にすぐれた翼をもつ（JT）

巡航速度の飛行では、翼の打ち上げの途中でストップモーションを入れて揚力をかせぐような飛び方をする

コチドリ ｜小千鳥｜

学　名	*Charadrius dubius*
英　名	Little Ringed Plover
科属名	チドリ科チドリ属
全　長	14〜17cm
季節性	夏鳥

鳴きながら滑空する

チドリのなかまでは国内最小で、河川や湖沼、水田など、内陸の湿地周辺の裸地で繁殖する夏鳥。市街地周辺の造成地や砂利の駐車場に浅い窪地をつくり、営巣することもある。抵抗が少なく、滑空性能にすぐれた尖翼中腕型の翼を羽ばたかせ、高速で飛行することができる。繁殖期のディスプレイフライトでは、ピューイピューイと大きな声で鳴きながら、一回の羽ばたきごとに打ち下ろした翼を開いたまま止め、しばらく滑空をはさむようなゆっくりとした羽ばたきで、上空を旋回し、メスにアピールする。

尖翼中腕型

翼開長 ● 42〜48cm	
初列風切	10枚
次列風切	16〜17枚
尾　羽	12枚

チドリ科

黄色いアイリングと首の黒い線が目立つ

長距離無着陸飛行を支える
大きく細長い尖翼

オオソリハシシギ ｜大反嘴鷸｜

学　名	*Limosa lapponica*
英　名	Bar-tailed Godwit
科属名	シギ科オグロシギ属
全　長	37〜41cm
季節性	旅鳥

**尖翼
中腕型**

翼開長 ● 70〜80㎝

初列風切	10枚
次列風切	18〜19枚
尾　羽	12枚

名前のとおり、
細長い嘴は上に反っている

長距離を無着陸で渡るタフなシギ

北極圏で繁殖し、赤道を越えて南半球で越冬する。日本にはその途中立ち寄る。シギのなかまの多くは、高速飛行に適した尖翼かつ高速で揚力を効果的に得ることのできる、アスペクト比の大きい細長い翼で長距離の渡りをする。近年アラスカでGPS発信機を装着した個体の移動経路調査が行われ、オーストラリアやニュージーランドまでの約10,000kmを約1週間飲まず食わず眠らず、一気に横断したことが確かめられた。これは渡り鳥の驚くべき移動能力をあらためて示す例となった。

大群が次々に空から降りて
くる光景も壮観だ（JT）

ハマシギ ｜浜鷸｜

学　名	*Calidris alpina*
英　名	Dunlin
科属名	シギ科オバシギ属
全　長	16〜22cm
季節性	旅鳥／冬鳥

個体数が多く、大群になるシギ

北極圏のツンドラで繁殖し、繁殖が終わると南下する。日本の干潟には旅鳥として立ち寄る個体と越冬する個体が渡来する。日本で越冬するシギのなかまの中では個体数が最も多く、渡りの時期の干潟では数千羽の大群も見られる。干潟で採食していた群れが飛び上がると、数百羽数千羽の大群がマスゲームのように右へ左へと一糸乱れぬ飛翔を繰り広げる。繁殖地のツンドラでは、オスがなわばり内で斜め上空に飛び上がり、旋回してさえずりながら徐々に降下するディスプレイフライトを行う。

円翼中腕型

翼開長	● 28〜45㎝
初列風切	10枚
次列風切	15枚
尾　羽	12枚

シギ科

♀

♂

夏羽では腹に大きな黒い斑がある。
嘴はやや下方に曲がる

シギのなかまの中では比較的丸い翼を、バタバタ大きく羽ばたかせながら重たそうに飛ぶ ©宮内宗徳

ヤマシギ ｜山鷸｜

学　名	*Scolopax rusticola*
英　名	Eurasian Woodcock
科属名	シギ科ヤマシギ属
全　長	33〜35cm
季節性	留鳥（本州中部以北では夏鳥、本州中部以南で冬鳥）

円翼中腕型

翼開長 ● 56〜60cm

初列風切	10枚
次列風切	17〜18枚
尾　羽	12〜14枚

黄昏時の飛行ショー

ユーラシア大陸の中緯度地方に広く分布し、日本では本州中部以北で繁殖する。越冬期には本州以南で見られる。低山地の樹林内の地上に営巣する。基本的に夜行性なので姿を見かけることは少ないが、夜間は平地の草地などに出てきて採食する。繁殖期の黄昏時、オスはチキィッ、チキィッ、ブーブーと鳴きながら、なわばりの上空を旋回するディスプレイフライトを行う（ヨーロッパではローディングと呼ばれる）。このとき、複数のオスがお互いを牽制しながら競うように飛ぶこともある。

長い嘴を地中に差し込み、ミミズなどを食べる。目が頭頂寄りにあり、広い視野をもっている

電柱や杭などにとまっていて、
ディスプレイ飛行時に空へ上がる

急降下時に尾羽を広げ、
大きな振動音を出す

オオジシギ ｜ 大地鷸 ｜

学　名	*Gallinago hardwickii*
英　名	Latham's Snipe
科属名	シギ科タシギ属
全　長	28〜33cm
季節性	夏鳥

尖翼
中腕型

翼開長 ● 48〜54㎝	
初列風切	10枚
次列風切	15枚
尾　　羽	14〜18枚

シギ科

空を切り裂く振動音

日本、サハリン南部、アムール川河口など限られた地域で繁殖し、オーストラリア東部やタスマニア島北部で越冬する。繁殖地と越冬地の距離は、片道約8,000kmにおよぶ。渡りに備えて皮下脂肪を蓄えるため、渡る前には体重が増加する。繁殖地では、オスが上空でジィッジィッジィッジィーーと鳴きながら円を描いて飛び、続いてズビャークズビャークと鳴きながら急降下するディスプレイフライトを行う。急降下では尾羽を広げ、ザッザッザッザッという振動音を出す。2、3羽で競うようすも見られる。

嘴は細長く、泥の中の生物を探って
食べることに適している

ジシギ類の見分けは難しいが、本種は次列風切後縁が白い(FK)

タシギ ｜田鷸｜

学　名	*Gallinago gallinago*
英　名	Common Snipe
科属名	シギ科タシギ属
全　長	25〜27cm
季節性	冬鳥／旅鳥

水田でみかける嘴の長いシギ

冬鳥あるいは旅鳥として渡来するシギで、河川や湖沼の水際、湿った水田などで長い嘴を泥の中に差し込んで採食する。ユーラシア大陸の中・高緯度地方で広く繁殖し、オオジシギのように、空中で急降下しながら広げた尾羽で音を出すディスプレイフライトをする。地上にいるときは隠蔽色で目立たないため、動かずにじっとしていると気づきにくい。不意に足元からジェッと鳴いて飛び立ったときに初めて存在に気づくことがある。こうして追い出されて飛び立つときには、ジグザグに飛んで逃げる。

尖翼中腕型	翼開長 ● 44〜47cm
	初列風切 ｜ 10枚
	次列風切 ｜ 15〜16枚
	尾　羽 ｜ 14枚

体の大きさに比べて嘴が長く見える

イソシギ ｜磯鷸｜

学　名	*Actitis hypoleucos*
英　名	Common Sandpiper
科属名	シギ科イソシギ属
全　長	19～21cm
季節性	留鳥（北海道では夏鳥）

**尖翼
中腕型**

翼開長 ● 38～41cm	
初列風切	10枚
次列風切	15枚
尾　羽	12枚

シギ科

尾羽を上下に振る水辺のシギ

本州以南では一年中見られるシギのなかま。海水域から淡水域まで水辺環境に生息し、河川中流域の砂礫の河原の草むらなどで繁殖する。水辺を歩きながら採食し、セキレイ類のように尾羽をしきりに上下に振る習性がある。チリーリーリーと鳴き、翼を小刻みに羽ばたかせながら水面近くを低く飛ぶ姿をよく見かける。翼の動きをスローモーション動画で確認すると、数回小刻みに羽ばたいたあと、打ち下ろした翼を広げたまましばらく滑空し、再び羽ばたくことを繰り返していた。

下面の白い部分が脇に食い込む

063

俊敏に飛び回ること
もできる（FK）

魚類をくわえて飛ぶ（FK）

ユリカモメ ｜百合鷗｜

学　名	*Chroicocephalus ridibundus*
英　名	Black-headed Gull
科属名	カモメ科ユリカモメ属
全　長	37〜43cm
季節性	冬鳥

尖翼 長腕型

翼開長 ● 94〜110㎝	
初列風切	10枚
次列風切	20〜21枚
尾　羽	12枚

赤い嘴と足が目立つカモメ

ユーラシア大陸中緯度地方に広く分布する小型のカモメ。日本にはカムチャツカ半島で繁殖する個体群が多数渡来、越冬することが確認されている。風を利用したゆったりとした滑翔もするが、上下左右に俊敏な動きで飛行することもできる。漁港などおもに海水域に生息するが、河川沿いに上流の内陸の水域にまで姿を現す。市街地の河川や池などの水辺では、餌付けに集まる光景がよく見られる。また、湖沼でユスリカが発生すると、巧みな飛行でフライングキャッチすることもある。

赤い嘴と足が目立ち、冬羽では
目の後方に黒い斑が見られる

強い海上風を利用して省エネで飛び続けることもできる（FK）

尾羽の先端付近に太い黒帯が出るので、他種と見分けやすい（JT）

ウミネコ ｜海猫｜

学　名	Larus crassirostris
英　名	Black-tailed Gull
科属名	カモメ科カモメ属
全　長	44～47cm
季節性	留鳥／漂鳥

一年中見られる最も身近なカモメ

カモメの多くは冬鳥だが、本種は一年中見られる。ロシア南東部や韓国、中国東部、日本の沿岸部や島嶼などでコロニーをつくり、集団繁殖する。2013年以降、都心のビル屋上で繁殖する個体が現れるようになった。翼は尖翼長腕で滑空性能がよい。沿岸に沿って海上を飛びながら、魚やその死体を見つけては降りてつまみ取る。漁船を追いかけ、漁師が捨てた海産物を拾ったり、漁船の水揚げ作業に集まり、おこぼれを食べることも多い。人との距離が近いため、釣り糸がからまる事故も多い。

尖翼長腕型

翼開長	● 126～128cm
初列風切	10枚
次列風切	21枚
尾　羽	12枚

幼

成

足は黄色い。嘴も黄色く、先端に赤と黒の斑がある

翼上面の灰色が濃いの
が、他の大型カモメ類と
見分けるポイント（JT）

カモメ科

オオセグロカモメ ｜大背黒鷗｜

学　名	*Larus schistisagus*
英　名	Slaty-backed Gull
科属名	カモメ科カモメ属
全　長	55～67cm
季節性	留鳥（東北以北。越冬期に本州以南に移動する個体もいる）

尖翼長腕型	翼開長 ●132～148㎝	
	初列風切	10枚
	次列風切	25枚
	尾　羽	12枚

市街地上空を飛び交う大型カモメ

ユーラシア大陸の東部の沿岸地域に分布する大型のカモメのなかま。日本で繁殖するカモメは、本種とウミネコ（p.65）だけである。北海道や本州北部の島嶼や海岸沿いの崖上の草地などに集団で営巣する。2000年頃から北海道では、海岸から15km離れた札幌市街のビルの屋上で繁殖する個体が現れ始め、近隣の公園の池に浮かんだり、河川で水浴びしたりしている。現在では初夏になると繁華街の上空を本種が飛び交う光景が見られるようになった。海風や崖や建造物による吹き上げ風を利用し、悠々と帆翔する。

幼

成

翼が濃い灰色で、足はピンク色

獲物を捕らえ、お腹をすかせた
ひなに運ぶ(FK)

停空飛翔も交えて狙い
を定め、体を一気に反転
させて急降下する(FK)

コアジサシ ｜小鯵刺｜

学　名	Sternula albifrons
英　名	Little Tern
科属名	カモメ科コアジサシ属
全　長	22〜28cm
季節性	夏鳥

尖翼
長腕型

翼開長 ● 47〜55cm	
初列風切	10枚
次列風切	16枚
尾　羽	12枚

カモメ科

嘴は黄色く、先端が黒い。
足は橙黄色で短め

滑空性能のよい翼で軽々と飛ぶ

本州以南の海岸や河川、造成地などに簡単な
窪みだけの巣をつくり繁殖する。翼面荷重
2.8kg/㎡と身軽で、アスペクト比13の滑空性能
のよい翼をゆっくり羽ばたかせて海上を軽々と飛
翔する。打ち下ろしは勢いよく振り下ろし、打ち
上げの途中で一瞬動きを止めて翼に風を受けて、
揚力を得るようにして羽ばたく。水中に飛び込ん
で小魚を捕らえる。水中の小魚に狙いをつける
ための停空飛翔中は、絶えず翼を開閉して翼面
積を調整したり、尾羽で細かくバランスをとった
りしながら、頭の位置は空中の一点に固定する。

空中と水中で、羽ばたき方を変える（YS）

ウミスズメ ｜海雀｜

学　名	Synthliboramphus antiquus
英　名	Ancient Murrelet
科属名	ウミスズメ科ウミスズメ属
全　長	24〜27cm
季節性	北海道の島で局地的に繁殖。一部本州以南の海上に南下して越冬

尖翼中腕型

翼開長	●40〜43cm
初列風切	10枚
次列風切	22〜23枚
尾　羽	12枚

外洋に群れでくらす水鳥

小型ペンギンのような体型のこの鳥の翼は、羽ばたいて空を飛ぶことも水中に潜ることもできる。空中では、翼面荷重約8.8kg/㎡の重い翼に十分な揚力を与えるため、素早く羽ばたき飛行速度を稼ぐ。水中では、水の抵抗に対応するため、翼を半開きにして羽ばたき周波数を落として力強く羽ばたく。重力と浮力、密度の違いなど、空中と水中という異なる環境の中で、巧みに推進力を得ている。通常は水深約6mまでの海中で小魚や甲殻類を追いかけて食べるが、水深26mまで潜水した記録がある。

小さなペンギンが浮かんでいるような体形と姿勢だ

時に内陸の湖沼へ飛来することもある(JT)

シロエリオオハム ｜白襟大波武｜

学　名	*Gavia pacifica*
英　名	Pacific Loon
科属名	アビ科アビ属
全　長	65cm
季節性	冬鳥

水中生活に特化した水鳥

ユーラシア大陸北東部、北米のツンドラやタイガの水辺で繁殖する。冬期、越冬のため南下した個体が日本の海岸沿いに見られる。水中生活に適応し、潜水しておもに魚類を採食する。カイツブリ同様、足は体の後方につき水中での抵抗が少ない。陸上で立ち上がることは少なく、腹を地面につけて座り込むことが多い。飛翔する姿を観察する機会は少ないが、冬期に遠くの海面を探すと次々に通過していく姿を見かけることがある。繁殖前に風切羽を一度に換羽するため、北帰行前には一時飛べなくなる。

尖翼中腕型

翼開長 ● 112cm

初列風切	10枚
次列風切	21〜23枚
尾　羽	16枚

アビ科

冬

夏

夏羽では首にリング状の斑や縦斑があり、上面には四角い白斑が並ぶ

海上の風速の高度差を利用し、ほとんど羽ばたかずに飛び続けることができる（ダイナミックソアリング）

アホウドリ ｜信天翁｜

学　名	Phoebastria albatrus
英　名	Short-tailed Albatross
科属名	アホウドリ科アホウドリ属
全　長	84〜94cm
季節性	10〜5月に伊豆諸島の鳥島などで繁殖

尖翼長腕型	翼開長 ● 213〜229㎝
	初列風切 ｜ 10枚
	次列風切 ｜ 34枚
	尾　羽 ｜ 12枚

省エネ飛行が得意

2mを超える翼を広げ、北太平洋を広く飛び回る。その距離は年間で10万kmを超える。驚異的な長距離飛行を可能にするのは、細長い高性能の翼型と、翼をピンと伸ばして固定することのできる層状構造の胸筋。下層の胸筋は翼を広げて固定する働きがある。滑空性能にすぐれた翼は肩への負担が大きいため、急に羽ばたいて飛び立つことができない。十分な揚力が得られる対空速度に達するまで、翼を広げて海面を走る必要があるが、ひとたび浮き上がれば、羽ばたきを極限まで減らした省エネ飛行ができる。

成鳥は頭部に黄色みがある。完全な成鳥羽（決定羽）になるまで10〜20年かかる

魚の多い海域には海鳥がよく集まる(JT)

海上の風をとらえ、羽ばたきを交えて帆翔する(JT)

オオミズナギドリ | 大水薙鳥 |

学　名	*Calonectris leucomelas*
英　名	Streaked Shearwater
科属名	ミズナギドリ科オオミズナギドリ属
全　長	48cm
季節性	夏鳥

尖翼長腕型

| 翼開長 ● 122cm |
初列風切	10枚
次列風切	20〜21枚
尾　羽	12枚

嘴が大きく、白っぽい。白色の頭部に暗褐色の縦斑が混じるごま塩頭

国内で最も大型のミズナギドリ

3月から11月まで日本周辺の島々で子育てし、冬期は南の海域へ移動する。子育ての時期にはひなへの給餌のため、営巣地から餌の豊富な採食海域までの数100kmを往復するものもいる。こうした長距離飛行を可能にしているのは、細長い高性能の翼で、海風を積極的に利用するダイナミックソアリングが可能だからである。餌となる小魚やイカの多い潮目の海域に集まり「鳥山」をつくる。アホウドリやミズナギドリのなかまは嗅覚が発達し、餌の探索や繁殖地の巣穴への帰還に役立つと考えられている。

小魚やイカを追いか
け水深70mまで潜っ
た記録がある（YS）

北方の海域では数十万
羽の大群になる

ハシボソミズナギドリ ｜嘴細水薙鳥｜

学　名	*Ardenna tenuirostris*
英　名	Short-tailed Shearwater
科属名	ミズナギドリ科ハシボソミズナギドリ属
全　長	40〜45cm
季節性	旅鳥

**尖翼
長腕型**

翼開長 ●95〜100㎝

初列風切	10枚
次列風切	21〜22枚
尾　羽	12枚

南半球と北半球を行き来する

10月から4月にかけて、オーストラリア南東部やタスマニア島周辺の島々で繁殖し、その後赤道を越え、食べ物の豊富なベーリング海で過ごし9月頃再び南下する。日本ではおもに太平洋側で5月から6月にかけて北上する群れが観察できる。年によってへい死体が大量に漂着することがあり、そのほとんどが繁殖地周辺で十分に栄養をとることができなかった幼鳥であることが知られている。高性能の細長い翼でダイナミックソアリングする一方、翼を半開きにして羽ばたいて潜水する。

雌雄ほぼ同色で、
全身がこげ茶色で嘴は黒い。
翼下面は灰色で、個体差がある

大陸から野生個体が飛来することもある(JT)

コウノトリ ┃鸛┃

学　名	*Ciconia boyciana*
英　名	Oriental Stork
科属名	コウノトリ科コウノトリ属
全　長	110~115cm
季節性	留鳥

裂翼長腕型

翼開長 ●195cm	
初列風切	11枚
次列風切	22枚
尾　羽	12枚

野生復帰が進んでいる

国内では絶滅したが、再導入による野生復帰が進み、国内各地でしばしば見られるようになった。大陸から野生個体が飛来することもある。翼を広げると約2m、翼面荷重が約6kg/㎡でアスペクト比は7。同じく大型のアホウドリ（翼面荷重15kg/㎡、アスペクト比14）に比べ、ゆっくり軽々と飛べる。長距離移動時には、熱上昇気流の中を旋回して高度を稼ぎ、次の熱上昇気流に向けて滑翔する。裂翼のスロット効果により低速で小回りのきく飛行が可能となり、熱上昇気流を巧みに捉えて帆翔できる。

求愛や威嚇時には声のかわりに大きな嘴を打ち鳴らして、音を出す（クラッタリング）

身軽なうえ、高速飛行もできる。10日間連続で飛び続けた記録もある(YS)

オオグンカンドリ ｜ 大軍艦鳥 ｜

学　名	*Fregata minor*
英　名	Great Frigatebird
科属名	グンカンドリ科グンカンドリ属
全　長	86〜100cm
季節性	迷鳥

尖翼 長腕型	翼開長 ● 206〜230cm	
	初列風切	10枚
	次列風切	23＋枚
	尾　羽	12枚

ほかの鳥を追いかけて獲物を奪う

世界中の熱帯・亜熱帯の海上でくらし、カツオドリなどほかの海鳥を追いかけて吐き戻させた獲物を空中で奪う(盗賊行動)。みずから採食するときも海面へは降りず、飛びながらトビウオやイカなどをつまみ取る。翼開長約2mと大型だが体重は1〜2kgと軽く、翼面荷重も2〜2.5kg/㎡と海鳥の中では特に軽い。このため、温められた海上に生ずる蜂の巣状の熱対流(ベナール対流)に乗り、楽々と飛び続けることができる。とがった翼端は、ほかの鳥を追いかけて獲物を奪うアクロバティックな飛行を可能にする。

幼

幼鳥や未成鳥は
頭や胸が白い。
成鳥は頭が黒い

しばしば大型船の近くを伴走するように飛ぶ。船の航行に驚いて飛び出してくる魚がお目当て（JT）

衝撃を最小限に抑えるため、矢のような体勢で水中に飛び込む（JT）

カツオドリ ｜鰹鳥｜

学　名	Sula leucogaster
英　名	Brown Booby
科属名	カツオドリ科カツオドリ属
全　長	64～74cm
季節性	伊豆諸島、小笠原群島、南西諸島では3～8月に繁殖する

尖翼長腕型	翼開長 ● 132～150㎝	
	初列風切	10枚
	次列風切	25～27枚
	尾　羽	14枚

矢のような体勢で水中へ飛び込む

熱帯・亜熱帯の海洋でくらす海鳥。国内では小笠原諸島や南西諸島周辺の島々で繁殖する。非繁殖期には本土の沿岸や漁港などに飛来し、狩りをすることがある。細長い翼を広げ、海風や崖に生ずる上昇気流に乗って帆翔する。飛びながらトビウオなどをつまみ取ることもあるが、10m以上の上空から急降下して水中に飛び込み、イワシなどの小魚を捕らえる。飛び込む直前には、翼を後方へ伸ばして衝撃を最小限にする。水中では足で水を掻くとともに翼を半開きにして羽ばたき、獲物を追いかける。

オスは目の周りが青く、メスは黄色

裂翼長腕型の翼の特性を生かし、熱上昇気流を捉えて高度を稼ぐこともできる（FK）

カワウ ｜河鵜｜

学　名	*Phalacrocorax carbo*
英　名	Great Cormorant
科属名	ウ科ウ属
全　長	80〜101cm
季節性	留鳥（北海道では夏鳥）

裂翼長腕型

翼開長 ●130〜160cm	
初列風切	10枚
次列風切	21〜22枚
尾　羽	14枚

豪快に助走して飛び立つ

本州以南の河川や湖沼、海でくらし、樹上にコロニーをつくって集団営巣する。潜水して魚を捕らえる。水中では4本すべての指の間に水かきのある足が推進力を生み出す。羽毛は浮力が少なく潜水に適している反面、濡れやすい。そのため、杭などの上で翼を広げて羽毛を乾かす姿がよく見られる。集団で採食しながら移動することが多く、V字編隊を組んで上空を通過する姿を見かける。翼面荷重は約10kg/㎡と比較的重く、飛び立つときには両足でホッピングしながらしばらく助走する。

雌雄同色。婚姻色では頭部から首にかけてと脚のつけ根が白くなる

羽色の淡い橙赤色は朱鷺色と呼ばれ、日本の伝統色の一つとなっている

繁殖期には、頭や背中に黒い色素を塗りつけて黒くなる（JT）

トキ ｜朱鷺｜

学　名	*Nipponia nippon*
英　名	Crested Ibis
科属名	トキ科トキ属
全　長	76cm
季節性	留鳥

美しい朱鷺色の翼

国内では絶滅したが、再導入による野生復帰が進み、新潟県の佐渡島を中心に野外で見られるようになった。サギと同じように、湿地や水田でドジョウやミミズ、両生類、甲殻類などを採食する。サギが視覚で食べ物を探すのに対し、トキは嘴を水中や泥の中に差し込み、触覚で食べ物を探るという違いがある。繁殖期には後頸部から分泌される黒色色素を頭や首から背にかけて塗布する。皮膚からの分泌物で羽色を変えるという生態は、トキ以外では知られていない。

裂翼
長腕型

翼開長 ● 140cm	
初列風切	10枚
次列風切	18枚
尾　羽	12枚

トキ科

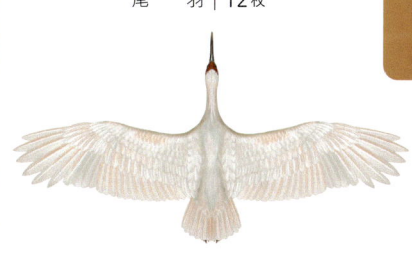

非繁殖期の羽色。顔の赤い部分は皮膚

軽快な羽ばたきで
ふわふわ飛ぶ(FK)

ヨシゴイ | 葭五位 |

学　名	*Ixobrychus sinensis*
英　名	Yellow Bittern
科属名	サギ科ヨシゴイ属
全　長	31~38cm
季節性	夏鳥(琉球諸島の一部では冬鳥、大東諸島では留鳥)

忍者のように動く日本最小のサギ

日本最小のサギで、全国の湖沼やため池に飛来する夏鳥。その名の通り、ヨシ原やハス田の中で子育てする。ヨシやヒメガマ、ハスの茎を足でつかみ、歩行により移動するため、ヨシ原の外へ全身を現すことは少ない。巣内のひなが成長すると、親鳥は給餌のため周辺の湖沼や水田へ餌取りに出かける。この時期には、ヨシ原の上すれすれを飛び交う姿が頻繁に見られるようになる。軽々としたイメージの羽ばたき飛翔で、ときどき滑空も交える。

**円翼
長腕型**

翼開長 ● 53cm

初列風切	10枚
次列風切	12枚
尾　羽	12枚

オスは頭頂が黒く、メスは赤褐色

夜行性なので日中飛んでいる姿を見かける機会は少ない(JT)

幼鳥や若鳥は羽色が大きく異なり、別種と間違えられがち(JT)

ゴイサギ ｜五位鷺｜

学　名	Nycticorax nycticorax
英　名	Black-crowned Night Heron
科属名	サギ科ゴイサギ属
全　長	58~65cm
季節性	留鳥(北海道東部では夏鳥)

黄昏時にクワッと鳴いて飛び立つサギ

全国の水辺に生息する夜行性のサギ。日中はやぶや常緑樹の中などで休んでいて、日が沈むとねぐらから飛び出し、水辺で小魚や両生類、甲殻類を採食する。夜、市街地の上空をクワッ、クワッと鳴きながら飛び去る姿を見かけることがあり、夜烏(よがらす)の別称もある。樹上にコロニーをつくって繁殖する。基本的に夜行性だが、繁殖期には日中もよく活動する。採食方法は、じっと獲物を待つ待ち伏せ法のほか、嘴で水面にさざなみをつくり小魚を誘い寄せる波紋法を使うことが観察されている。

裂翼長腕型

翼開長 ● 105~112cm	
初列風切	10枚
次列風切	18枚
尾　羽	12枚

サギ科

成　幼

成鳥は青灰色で白い冠羽がある。幼鳥は茶色で白斑が散在する

単独でいることは少なく、
群れで行動することが多い
（JT）

アマサギ ｜黄毛鷺｜

学　名	Bubulcus ibis
英　名	Cattle Egret
科属名	サギ科アマサギ属
全　長	45〜56cm
季節性	夏鳥

農耕地にいる橙色と白のサギ

全身白色で、繁殖期になると雌雄とも頭部や首、胸、腰が橙色になる。これが飴色に似ていることが和名の由来といわれている。水辺よりも草地や農耕地など、より乾燥した環境に生息する。水田や畑、草地を歩き回って、昆虫やカエルなどを捕らえる。水田や畑を耕すトラクターの後を追い、飛び出す昆虫やカエルを捕らえる姿もよく見かける。本来、草地で採食する大型哺乳類やダチョウ、エミューが歩く後から飛び出す昆虫を捕らえる習性があり、英名のCattle Egret（牛のサギ）もこの行動に由来する。

裂翼
長腕型

翼開長 ● 88〜96cm

初列風切	10枚
次列風切	18枚
尾　羽	12枚

夏

夏羽は頭、首、背が橙色。
冬羽は全身が白くなる

ゆっくり飛びながら、ケーッ
と鋭い声で鳴くことがある
（JT）

本文で解説したように
「気流と渦」を想像しな
がら、着地シーンを観察
するのも興味深い（FK）

アオサギ ｜蒼鷺｜

学　名	*Ardea cinerea*
英　名	Grey Heron
科属名	サギ科アオサギ属
全　長	90～98cm
季節性	留鳥（北海道では夏鳥）

**裂翼
長腕型**

翼開長 ● 160～175cm	
初列風切	10枚
次列風切	19枚
尾　羽	12枚

サギ科

身の周りにいる大型のサギ

国内最大のサギ。両翼を広げて滑空する大型の裂翼長腕の姿はコウノトリにも似ている。両種ともアスペクト比が7～9と滑空性能のよい翼だが、翼面荷重はアオサギが約4kg/㎡でコウノトリが約6kg/㎡であり、アオサギの方が軽いため、よりゆっくりとした飛び方に適している。着地するときは翼の迎角を大きくして失速寸前までブレーキをかけ、ふわりと降り立つ。このとき、翼上面の大雨覆、中雨覆、肩羽が逆立ち、翼上面の気流が剥離して渦が生じ、進行方向と逆向きの気流が流れている。

雌雄同色。
全体に白と紺、青灰色の羽色

白いサギのなかでは嘴、首、足が飛び抜けて長い(FK)

ダイサギ ｜大鷺｜

学　名	*Ardea alba*
英　名	Great Egret
科属名	サギ科アオサギ属
全　長	80〜104cm
季節性	留鳥(亜種ダイサギは冬鳥。亜種チュウダイサギは地域によって夏鳥)

大型の白いサギ

白いサギでは最大。サギ類は首が長く、普段はS字に曲げて収めているが、狩りでは目にもとまらぬ速さで伸ばして魚やカエルなどを突き刺す。長い首は、頸椎の1つ1つが長いことによるが、第6頸椎だけ短く、この部分が急に折れ曲がり、ここが支点となることで一瞬で嘴を獲物に突き立てることができる。長い首を縮めて飛ぶのは、サギ類共通の飛翔姿である。移動するときはゆったりとした羽ばたき飛行だが、高い高度からねぐら入りするときは、きりもみ状態のアクロバティックな急降下を見せる。

裂翼長腕型

翼開長 ● 140〜170cm

初列風切	10枚
次列風切	18枚
尾　羽	12枚

冬

夏羽では嘴が黒くなり、目先の緑色があざやかになる

2羽の小競り合い。足指が黄色いことから本種だと識別できる（FK）

コサギ｜小鷺｜

学　名	*Egretta garzetta*
英　名	Little Egret
科属名	サギ科コサギ属
全　長	55~65cm
季節性	留鳥

裂翼長腕型

翼開長 ● 90〜105㎝

初列風切	10枚
次列風切	16枚
尾　羽	12枚

嘴が黒く、足指が黄色い白サギ

一年中嘴が黒く、足指が黄色い白サギ。水辺で小魚やカエル、甲殻類などを捕食するが、その採食方法は、待ち伏せ、追跡、水中で足を小刻みに震わせるパドリング、嘴を水中で開閉して震わせ、魚を誘い寄せる波紋法など変化に富んでいる。釣り人の近くで釣果のおこぼれを待つ学習行動も見られる。同じように水辺で採食するダイサギに比べ体重は約60％軽量で、飛行時の羽ばたきがやや速い。ダイサギとコサギが並んで飛ぶシーンでは、体の大きさの差による羽ばたき周波数の違いが観察できる。

夏羽では後頭に冠羽があり、冬羽ではなくなる

魚を見つけると、風に向かってホバリングしながらねらいを定め、水中に飛び込む（FK）

ミサゴ ｜鶚｜

学　名	*Pandion haliaetus*
英　名	Osprey
科属名	ミサゴ科ミサゴ属
全　長	♂54cm、♀64cm
季節性	留鳥（北海道や琉球諸島では冬鳥）

裂翼
長腕型

翼開長 ● 155〜175cm	
初列風切	10枚
次列風切	13枚
尾　羽	12枚

魚捕りのスペシャリスト

世界中に分布し、海岸、河川、湖沼で魚を捕らえて食べる魚食性の猛禽類。帆翔しながら水面近くの魚を探索する。ホバリングに有利な軽めの翼面荷重（約4kg/㎡）と、風に乗りやすい大きく細長い裂翼型の翼形（アスペクト比8）である。普段、前3本、後1本の足指の配置は狩りのときには前後2本ずつに可動でき、十字に大きく開いて捕らえた魚をしっかり掴む。大きく湾曲した鋭い鉤爪、滑り止めとなる細かなトゲのついた足裏、すべて魚を捕らえるために適した形態で、「空飛ぶ漁師」の異名にふさわしい。

頭は白く、虹彩は黄色で、過眼線はこげ茶色。
胸に帯状の斑がある

オスの尾羽には2本、メスには
数本の黒い帯がある(JT)

オスのウイングクラッ
ピング ©加藤恵美子

ハチクマ ｜蜂熊｜

学　名	*Pernis ptilorhynchus*
英　名	Crested Honey Buzzard
科属名	タカ科ハチクマ属
全　長	♂57cm、♀61cm
季節性	夏鳥

裂翼
長腕型

翼開長	●121〜135cm
初列風切	10枚
次列風切	14枚
尾　羽	12枚

タカ科

ハチを求めて長い旅をするタカ

春に全国の低山の森林に渡来する夏鳥のタカ。クロスズメバチやスズメバチなどハチの巣を襲い、ハチの幼虫や巣を好んで食べることが名前の由来。繁殖期には、上空で急降下と急上昇を繰り返す波状飛行のディスプレイフライトを行い、波の頂点で両翼を背面で打ち合わせるウイングクラッピングを行う。9月には越冬地の東南アジアへの渡りが始まり、上昇気流を利用した帆翔を続ける。春の渡りと秋の渡りでコースが異なるうえ、直線的ではなく、何度か方向転換しながら片道約10,000kmの旅をする。

オスは虹彩が暗色で、尾羽に2本の線、
メスは虹彩が黄色で、尾羽に数本の線がある

085

幼鳥は羽色が白っぽく、虹彩は淡い青色(JT)

上空から地上をにらみ、獲物を探す(JT)

クマタカ ｜角鷹｜

学　名	*Nisaetus nipalensis*
英　名	Mountain Hawk-Eagle
科属名	タカ科クマタカ属
全　長	♂70〜75cm、♀77〜83cm
季節性	留鳥

裂翼中腕型

翼開長 ● 140〜165㎝

初列風切	10枚
次列風切	13枚
尾　羽	12枚

大型ながら林内も飛べる

山地に生息する森林性のタカ。深い渓谷などの高木のある原生林を好む。林内や林縁部でノウサギやヤマドリ、ヘビなどを捕らえる。このほか、カケスやヒミズやトカゲなど、生息場所によりさまざまな動物を獲物とする。林縁部などで、山地に吹き上がる上昇気流を利用して帆翔しながら探索し、獲物を見つけると上空から急降下して捕らえる。樹上で待ち伏せして飛びかかることもある。幅広い翼はやっこ凧に似た形の裂翼中腕型。大型のタカながら、枝の混んだ林内も巧みに飛行することができる。

雌雄同色で成鳥は頭頂が黒く、後頭に冠羽がある

視力はヒトの数倍といわれ、はるか遠くの獲物も見逃さない

イヌワシ │ 狗鷲 │

学　名	*Aquila chrysaetos*
英　名	Golden Eagle
科属名	タカ科イヌワシ属
全　長	♂78~86cm、♀85~95cm
季節性	留鳥

裂翼長腕型

翼開長 ●170～210㎝	
初列風切	10枚
次列風切	17枚
尾　羽	12枚

山にすむ空の王者

オオワシに次ぐ大型のタカで、ノウサギやヤマドリ、ヘビなどを捕らえて食べる。国内では山地に生息し、深い谷の崖地に営巣する。谷を吹き上がる風を利用して帆翔しながら獲物を探す。樹上で待ち伏せして急降下で獲物を狙うこともある。長い翼は林内で獲物を追いかけることには適していないため、雪崩や伐採によってできた草地など開けた場所で狩りをする。海沿いでカモメを捕食する個体もいる。11月頃になると、急上昇と急降下を繰り返す求愛のディスプレイフライトが見られるようになる。

後頭に黄金色の羽毛がある。これが英名の由来となった

ホンセイインコやオナガを追う若い個体。幼鳥ながら、滑空や俊敏な方向転換は鮮やかだ（JT）

滑空を交えて林内を器用に飛びまわる姿は華麗（JT）

ツミ ｜ 雀鷹 ｜

学　名	*Accipiter gularis*
英　名	Japanese Sparrowhawk
科属名	タカ科ハイタカ属
全　長	♂27cm、♀30cm
季節性	留鳥

裂翼中腕型

翼開長 ● 51〜63cm	
初列風切	10枚
次列風切	13枚
尾　羽	12枚

♂

♀

オスは虹彩が赤っぽく、メスは黄色い。オスの「頭巾」は深く、目の下まで

俊敏に飛び回る小さなタカ

日本最小のタカで、体の大きなメスでもキジバト大。小鳥や昆虫を捕食する。本来森林性の鳥だが、1980年代から関東地方を中心に、市街地の公園など人の生活圏の近くで繁殖するものが見られるようになった。巣の周辺でオナガが繁殖するケースも多く、なわばりを守るツミの攻撃性が頼りにされることもある。天敵が少なく、スズメなどの獲物が豊富な市街地に進出したが、個体数が増加したハシブトガラスに卵やひながねらわれるという新たな局面も。渡りをする個体は上空を帆翔しながら通過する。

翼の先が6枚に分かれることで、近縁種の
ツミ（5枚）と見分けられる（FK）

真ん中の足指（第三指）が
長く、獲物をしっかり捕ら
えることができる（JT）

ハイタカ ｜灰鷹｜

学　名	*Accipiter nisus*
英　名	Eurasian Spallowhawk
科属名	タカ科ハイタカ属
全　長	♂30〜33cm、♀37〜40cm
季節性	留鳥（北海道・本州。四国以西では冬鳥）

尾羽が長めで、先端が角形

ユーラシア大陸の中緯度地方に広く分布するタ
カで、冬期は南方へ渡るものもいる。日本では
一年中見られ、平地から山地までの森林に生
息する。おもにツグミ大までの小鳥類を捕らえ
て食べるが、ネズミやリスなどを捕食することも
ある。オオタカに比べ小型で、より俊敏な飛行
が可能であり、枝で混み合った林内でも自在に
飛行して獲物を捕らえることができる。オオタ
カに捕食されることもあることから、オオタカが
簡単に入り込めないほど混み合った林内に営
巣することが多い。

裂翼中腕型	翼開長 ● 61〜79㎝
	初列風切 ｜10枚
	次列風切 ｜14枚
	尾　羽 ｜12枚

♂

♀

雌雄とも虹彩は黄色。
オスの「頭巾」状の部分が目まで

都市公園で繁殖する例が増え、迫力のある飛翔を身近で見る機会も珍しくない（JT）

オオタカ ｜蒼鷹｜

学 名	*Accipiter gentilis*
英 名	Eurasian Goshawk
科属名	タカ科ハイタカ属
全 長	♂50cm、♀59cm
季節性	留鳥（九州の一部、琉球諸島では冬鳥）

市街地へ進出したタカ

カラス大のタカで、おもにハトやカモ、ムクドリなどを捕食する。裂翼中腕型の翼は、時には上昇気流に乗って帆翔することもできるし、狩りのときには、林内の枝を巧みにかわして高速で獲物を追跡することができる。捕らえた獲物は、切り株や太い枝の上などで処理して食べる。江戸時代に将軍の鷹狩りに好んで使われたことから、さまざまな飼育技術や訓練法が知られている。かつては開発や密猟によって絶滅が危惧されたが、ドバトなど獲物の多い市街地に進出する個体も見られるようになった。

裂翼
中腕型

翼開長 ● 105〜130cm

初列風切	10枚
次列風切	13〜15枚
尾 羽	12枚

 ♂

♀

雌雄ほぼ同色。喉から腹にかけて成鳥は白くて横斑があり、幼鳥は茶色で縦斑がある

獲物をめがけて急降下(FK)

幼鳥や若鳥は茶褐色で、胸から腹にかけて縦斑がある(FK)

巣材は嘴で折り取り、空中で足にもち換えて巣へ運ぶ(JT)

黒っぽい個体、白っぽい個体など羽色はさまざま（FK）

翼をV字に開き、ヨシ原の上を飛びながら獲物を探す（FK）

チュウヒ ｜沢鵟｜

学　名	*Circus spilonotus*
英　名	Eastern Marsh Harrier
科属名	タカ科チュウヒ属
全　長	♂48cm、♀58cm
季節性	冬鳥（北海道では夏鳥、本州の一部では留鳥）

**裂翼
中腕型**

翼開長 ●113〜137㎝

初列風切	10枚
次列風切	13枚
尾　羽	12枚

ヨシ原の上をV字形で飛ぶ

シベリア南東部やサハリン、中国北東部、国内では北海道や本州の一部の湿地で繁殖し、本州以南、韓国、東南アジアで越冬する。平地の広いヨシ原に生息し、営巣や採食を行う。集団で越冬し、夕暮れ時になると次々にねぐら入りする。長い翼をV字形に開き、羽ばたきと滑翔を交えてヨシ原の上すれすれをゆっくり移動しながら小鳥やネズミを探索する。獲物を発見すると、反転し急降下して獲物を不意打ちする。V字形に開いた上反角がある翼は、横揺れ安定性が高い滑空を可能にしている。

さまざまな羽色の個体がおり、雌雄の見分けも難しい

オスは青灰色の羽色
が美しい(FK)

メスは翼下面の鷹斑と腰
の白い線が目立つ(FK)

ハイイロチュウヒ | 灰色沢鵟 |

学　名	*Circus cyaneus*
英　名	Hen Harrier
科属名	タカ科チュウヒ属
全　長	♂ 43~47cm、♀ 49~54cm
季節性	冬鳥

冬の黄昏時、ヨシ原に舞う

ユーラシア大陸の中緯度地方で広く繁殖し、日本には冬鳥として渡来する。チュウヒと同様に、ゆっくりした羽ばたきと翼をV字型に開いた滑翔を交えて飛翔する。チュウヒよりも低空の、地上すれすれを飛翔しながら獲物を探索することが多い。草地に潜む小鳥などの獲物を見つけると、急旋回して飛びかかる。翼面荷重はチュウヒより軽いため、より機敏な飛行が可能である。冬のねぐらはヨシ原でとることが多く、日没時間前後にはねぐらに集まるチュウヒと本種が飛び交う光景が見られる。

裂翼中腕型	翼開長 ● 98~124㎝
	初列風切	10枚
	次列風切	13枚
	尾　羽	12枚

タカ科

♂

♀

オスは青みのある灰色の翼が美しく、
メスは下面に斑が多い

大きな裂翼を広げ、熱上昇気流の中をゆっくり旋回する(FK)

死体や生ごみを食べることが多いが、時に狩りをすることもある(FK)

タカ科

トビ｜鳶｜

学　名	*Milvus migrans*
英　名	Black Kite
科属名	タカ科トビ属
全　長	♂58.5cm、♀68.5cm
季節性	留鳥

裂翼長腕型

翼開長	●157〜162㎝
初列風切	10枚
次列風切	15枚
尾　羽	12枚

最もなじみ深い猛禽

トビといえば、ピーヒョロロと鳴きながら上空に輪を描きながら帆翔する姿が象徴的である。小動物やその死体も食べるが、港で水揚げのおこぼれをねらったり、ゴミ捨て場で食物をあさったり、路上で動物の轢死体を食べたりと人との関わりも多い。翼面荷重は比較的軽く(約3kg/㎡)、帆翔に適した裂翼長腕型の翼を広げて、熱上昇気流を利用しながらゆっくりと探索飛翔する。飛行高度を得るために、1つの熱上昇気流の中に入った何羽ものトビが集団で旋回飛翔することもある。

雌雄同色、目の周囲に黒い部分があり、胸から腹にかけて白い斑がある

流氷の上にいて、おこぼれを探しているというイメージがある（JT）

空中でウミガラスを捕らえた瞬間 ©福田俊司

オオワシ ｜ 大鷲 ｜

学　名	Haliaeetus pelagicus
英　名	Steller's Sea Eagle
科属名	タカ科オジロワシ属
全　長	♂88cm、♀102cm
季節性	冬鳥

裂翼長腕型	翼開長 ● 220〜250㎝	
	初列風切	10枚
	次列風切	15〜16枚
	尾　羽	14枚

タカ科

のんびりしているようだが、じつは空の王者

オホーツク海沿岸やサハリン、カムチャッカで繁殖し、冬期北海道の知床半島から根室半島にかけての地域を中心に飛来する日本最大のワシ。翼開長は2mを超える。海ワシと呼ばれ、河川でサケなどの魚を捕らえたり、漁のおこぼれにありつくようすを見かけるが、飛んでいる海鳥や小型哺乳類を狩るハンターでもある。国内で越冬中も、飛翔中のカモメやカラスのなかまを追いかけて襲うことがある。樹上や流氷の上で休息し、海岸沿いの崖に吹き付ける風が生む上昇気流を利用して探索飛行を行う。

雌雄同色。全身が黒く、額や翼の一部、尾羽などが白い。大きな嘴と足の橙色が目立つ

渡りの中継地では、群れが上昇気流の中を一斉に帆翔するタカ柱が見られる（JT）

飛びながらピックイーとよく鳴く（JT）

タカ科

サシバ ｜鵟｜

学　名	*Butastur indicus*
英　名	Grey-faced Buzzard
科属名	タカ科サシバ属
全　長	♂47cm、♀51cm
季節性	夏鳥

裂翼中腕型

翼開長 ● 105〜115cm

初列風切	10枚
次列風切	13枚
尾　羽	12枚

秋のタカ渡りの代表格

本州以南の里山に渡来し、谷津田の樹上に営巣する夏鳥のタカ。カエルやヘビ、昆虫類を食べる。樹上や電柱の上から地上の獲物を探し、見つけると降下して捕らえる。翼面荷重は4.5kg/㎡、裂翼中腕型の翼は上昇気流を利用した帆翔に適している。春は南方からの季節風を利用して渡来し、9月下旬になると南方への秋の渡りが始まる。上昇気流を利用して帆翔し、高度を上げては滑空するという省エネ飛行で、越冬地の南西諸島や台湾、東南アジアなどに向かう。日によっては数千羽が渡っていくこともある。

雌雄とも喉に一本の太い線がある。メスは白い眉斑があるがオスはないか、とても細い

小型哺乳類だけでなく、コミミズクやキジに襲いかかることもある(JT)

「野を擦る」ように狩りをするだけでなく、急降下で襲うこともある(FK)

ノスリ ｜鵟｜

学　名	*Buteo japonicus*
英　名	Eastern Buzzard
科属名	タカ科ノスリ属
全　長	♂ 50〜53cm、♀ 53〜60cm
季節性	留鳥(地域や季節によって夏鳥や冬鳥も混在する)

裂翼中腕型

翼開長	● 122〜137cm
初列風切	10枚
次列風切	15枚
尾　羽	12枚

ネズミからほかの鳥まで襲う

ずんぐりした体型のタカ類。日本では季節移動はあるが一年中見られ、冬期には大陸からの越冬個体が加わる。国外ではロシア南東部や中国北東部、サハリンなどで繁殖し、朝鮮半島や台湾、東南アジアで越冬する。平地から低山の林縁部に生息し、樹上や電柱の上からハタネズミやモグラなどの獲物を探し、動きを察知すると飛び降りて捕らえる。ほかの鳥を襲うこともある。裂翼中腕型の翼は帆翔による探索飛行に適しており、獲物を見つけるとホバリングして狙いをつけ、捕らえることもある。

雌雄同色。成鳥は虹彩が暗色で、幼鳥は淡い黄色

夕方、陽が傾いてくると
出現することが多い(FK)

軽々と滑空し、獲物
を見つけると急降下
して捕らえる(FK)

コミミズク │小耳木菟│

学　名	*Asio flammeus*
英　名	Short-eared Owl
科属名	フクロウ科トラフズク属
全　長	37〜39cm
季節性	冬鳥

円翼
長腕型

翼開長 ●	95〜110cm
初列風切	10枚
次列風切	14〜15枚
尾　羽	12枚

飛翔する姿を日中も見られるフクロウ

ユーラシア大陸や北米大陸のツンドラで繁殖する。国内には冬鳥として渡来し、河川敷や農耕地などに生息する。ネズミ類やモグラ類、小鳥を捕らえて食べる。おもに夜間に活動するが、日中から活動することが比較的多いので、フクロウ類のなかでは飛翔する姿を見やすい種だ。翼面荷重が軽く(3kg/㎡)、円翼長腕型の翼をゆっくり羽ばたき、滑空を交えながら軽々と飛翔する。求愛や威嚇のディスプレイフライトでは、翼を腹側で打ち鳴らすウイングクラッピングを行う。

雌雄同色。黄色い虹彩が目立ち、
目の周囲が黒くて「目力」がある

林を巧みに飛び、
子育てに奮闘する
©佐藤圭

めずらしく日中に狩りを見
ることができた ©岩田光二

フクロウ ｜梟｜

学　名	*Strix uralensis*
英　名	Ural Owl
科属名	フクロウ科フクロウ属
全　長	50cm
季節性	留鳥

闇夜の狩人

山地から平野部の森林にすみ、樹洞に営巣する。大木の残る社寺林や里山の林など、身近な環境にも生息する。夜行性のため目立たないが、ホッホ ゴロスケホッホやギャーという声を聞いて、存在に気づくことがある。樹上で待ち伏せし、林床を歩くネズミ類に飛びかかる。羽毛には風切音を消すしくみがあり、獲物に気づかれずに急襲することができる。ネズミ類が獲れない場所では、鳥類やカエル、ヤモリ、ムカデ、昆虫類などを捕食。鳥類ではツミやキジバト、ツバメなどの寝込みを襲う。

円翼 長腕型	翼開長 ● 95〜110㎝
	初列風切 ｜ 10枚
	次列風切 ｜ 13枚
	尾　羽 ｜ 12枚

雌雄同色。
少しくぼんだ平たい顔は
集音器のようにはたらき、
わずかな音を逃さない

とまり場所から飛び立ち、
空中で昆虫を捕らえて戻る
行動が見られる

ブッポウソウ ｜仏法僧｜

学　名	*Eurystomus orientalis*
英　名	Oriental Dollarbird
科属名	ブッポウソウ科ブッポウソウ属
全　長	30cm
季節性	夏鳥

尖翼中腕型	翼開長 ● 71㎝
	初列風切 ｜ 10枚
	次列風切 ｜ 9枚
	尾　羽 ｜ 12枚

姿も飛翔も華麗な鳥

本州、四国、九州に渡来し樹洞で繁殖する夏鳥。尖翼中腕型の翼は抵抗が少なく、飛行速度を出しやすく、また羽ばたきやすさとすぐれた滑空性能を併せもっている。急上昇や急旋回、高速で滑空できる特性を生かして、セミやトンボなど大型の飛翔性昆虫を追いかけて捕らえる。また求愛のディスプレイフライトでは、オスがメスの前で急上昇と急降下を繰り返す。近年位置情報記録装置を用いた調査から、繁殖地の日本から直線距離で約3,800km離れたボルネオ島まで渡るものがいることが確認された。

雌雄同色。光沢のある
青や緑の羽が美しく、
太くて短い赤い嘴が目立つ

森の中を駆け抜ける赤い鳥に思わず見惚れる ©大場弘之

停空飛翔からダイビングし、ザリガニを捕らえる ©大場弘之

アカショウビン ｜ 赤翡翠 ｜

学　名	Halcyon coromanda
英　名	Ruddy Kingfisher
科属名	カワセミ科アカショウビン属
全　長	27cm
季節性	夏鳥

森にすむ赤いカワセミ

東アジアに生息するカワセミのなかまで、初夏に渡来する夏鳥。低地から山地のよく茂った渓流沿いの森林に生息する。樹洞や枯損木、崖地などに穴を掘って営巣する。警戒心が強く、なかなか姿を現さない。キョロロロロローという尻下がりの特徴的な鳴き声を聞いて初めて、存在に気づくことが多い。樹上にとまって林床を見下ろし、サワガニやトカゲ、カエル、ムカデ、カタツムリなどを見つけ、飛び降りて捕らえる。カワセミやヤマセミと同じように、水中に飛び込んで小魚を捕らえることもある。

扇翼型

翼開長 ● 40cm

初列風切	10枚
次列風切	13枚
尾　羽	12枚

雌雄ほぼ同色。
赤く太い嘴が目立つ。
腰がコバルトブルーだが
なかなか見えない

空中でも水中に飛び込むときも抵抗が少ない体のつくり（JT）

カワセミ ｜翡翠｜

学　名	*Alcedo atthis*
英　名	Common Kingfisher
科属名	カワセミ科カワセミ属
全　長	17cm
季節性	留鳥

扇翼型

翼開長 ● 24〜26cm	
初列風切	10枚
次列風切	13枚
尾　羽	12枚

水辺を飛ぶ青い宝石

河川や湖沼で小魚や甲殻類を捕らえる。枝の上で待ち伏せしたり、ホバリングしながら獲物に狙いをつけてダイビングする。翼面荷重が軽く（約3kg/㎡）、細長く滑空性能にすぐれた翼形（アスペクト比7）である。翼端もとがり気味で、抵抗が少ない。数回の羽ばたきと翼を閉じての弾道飛翔を繰り返す、羽ばたき跳躍飛翔をするが、弾道飛翔の飛行軌跡も直線的で高度の低下はほとんど見られない。羽ばたき飛翔の途中で少し翼を広げ滑空することも多く、羽ばたき滑空飛翔に近い飛び方もする。

雌雄ほぼ同色。オスの嘴は黒いが、メスの下嘴は赤みを帯びる

水中に飛び込むときも、空中に飛び上がるときもスムーズで華麗だ（JT）

水面近くを直線的に飛翔することで、地面効果＊が得られ、滑空距離を伸ばすことができる（JT）

素早く羽ばたいて空中の一点にとどまり（停空飛翔）、獲物に狙いを定める（FK）

＊水面（地面）ぎりぎりを飛ぶことで、翼端に生ずる気流の渦による誘導抵抗を減らし、得られる揚力が増す効果。

水面のすぐ上を飛ぶことで、揚力が増すと考えられる

体が大きいので、停空飛翔も見応えがある（JT）

ヤマセミ ｜山魚狗｜

学　名	*Megaceryle lugubris*
英　名	Crested Kingfisher
科属名	カワセミ科ヤマセミ属
全　長	38cm
季節性	留鳥

扇翼型

翼開長 ● 67㎝

初列風切 ｜10枚
次列風切 ｜15枚
尾　羽 ｜12枚

日本産カワセミ類の最大種

渓流にすみ、水中にダイビングしてヤマメやイワナなどを捕らえる。岩や枝の上で待ち伏せして飛び込んだり、空中でホバリング（停空飛翔）して狙いを定め、飛び込んだりする。水面の上を巡航速度で水平飛行しているシーンをスローモーションで見ると、毎回打ち上げの途中で翼を半開きにしてストップモーションを入れ、前方からの風を翼に当てて揚力を得て滑空している。水面近くを飛ぶことで地面効果による揚力も得ているのだろう。羽ばたきによる推進力の強さと、滑空性能のよい翼であることがわかる。

♀
♂

雌雄ほぼ同色。オスは胸や頬の下に、メスは翼の一部に橙色の斑がある

褐色の虫食い模様のある羽毛と背の一本の黒い筋が特徴(FK)

アリスイ ｜蟻吸｜

学　名	Jynx torquilla
英　名	Eurasian Wryneck
科属名	キツツキ科アリスイ属
全　長	17〜18cm
季節性	冬鳥（東北以北では夏鳥）

異端児のキツツキ

国内では北海道や東北北部で繁殖し、冬期本州以南で越冬する。粘着質の唾液が覆う長い舌を伸ばし、アリとその卵や繭をからめとって食べる。体をおさえられると、首をくねくねとねじる行動で知られ、天敵への防衛行動と考えられている。キツツキのなかまであり、足指の配置が前後2本ずつの対趾足であることや舌が長く伸びること、唾液腺が発達していることなど共通の特徴もあるが、ドラミングをしないことや樹木の幹や枝に平行にとまらないことなどキツツキらしからぬ面もある。

扇翼型

翼開長 ● 28cm		
初列風切	9枚
次列風切	11枚
尾　羽	12枚

雌雄同色で、全体に隠ぺい色。嘴は短くとがり、目は小さく、こげ茶色の過眼線がある

サクラの木で何回もドラミングしたあと、こずえに上がり、飛び去った（JT）

コゲラ ｜ 小啄木鳥 ｜

学　名	*Yungipicus kizuki*
英　名	Japanese Pygmy Woodpecker
科属名	キツツキ科コゲラ属
全　長	15cm
季節性	留鳥

扇翼型

翼開長 ● 27㎝

初列風切	10枚
次列風切	10枚
尾　羽	12枚

ギーと鳴く小さなキツツキ

日本最小のキツツキ。繁殖期には、枯れ枝に嘴で穴を掘り営巣する。カギ状に曲がったするどい爪で樹皮をつかみ、羽軸の丈夫な尾羽で体を支えて樹幹に平行にとまる。その状態で移動しながら、樹皮についた昆虫やクモを食べる。また樹皮の中に潜む昆虫をつまみ出したり、ヌルデやハゼノキ、マユミなど脂質が豊富な実も食べる。秋から冬にかけて、シジュウカラやヤマガラなどで構成されるカラ類の混群に混じって行動することもある。上下動の大きな山なりの軌跡を描く羽ばたき跳躍飛行をする。

♀

♂

雌雄ほぼ同色。オスの頭には赤い羽が数本あるが、ふだんは見えない

ピョー、ピョーと鳴きながら、林の木から木へ飛び移り、なわばりを主張する（JT）

同じキツツキ科のアカゲラは、ピョー、ピョーとは鳴かない（FK）

アオゲラ ｜緑啄木鳥｜

学 名	Picus awokera
英 名	Japanese Green Woodpecker
科属名	キツツキ科アオゲラ属
全 長	29cm
季節性	留鳥

日本固有種の緑色のキツツキ

本州以南の低山から亜高山の森林にすむキツツキのなかまで、日本固有種。緑地や公園の平地林でも見られる。アカゲラに似たキョッ、キョッという声も出すが、ピョー、ピョーとよく響く声で鳴くのは本種の特徴。繁殖期には嘴を使って樹幹に巣穴を掘るが、ふつう枯れ木ではなく生木に掘る。樹皮をつついて昆虫や幼虫をつまみ出して食べたり、枝先で果実を食べたり、地上でクモやムカデ、アリも食べる。ほかのキツツキ同様、大きな山なりの羽ばたき跳躍飛行をする。

扇翼型

翼開長 ● 49cm
初列風切 ｜ 10枚
次列風切 ｜ 11枚
尾 羽 ｜ 12枚

♂ ♀

雌雄ほぼ同色で、オスは額から後頭まで赤いが、メスは頭頂から後頭だけが赤い

メス。翼の先がとがる飛翔形がハヤブサ属らしい。尾羽が長めなのも特徴(FK)

チョウゲンボウ ｜ 長元坊 ｜

学　名	Falco tinnunculus
英　名	Common Kestrel
科属名	ハヤブサ科ハヤブサ属
全　長	♂33cm、♀39cm
季節性	留鳥(四国、九州、琉球諸島では冬鳥)

狩りが得意な、小さなハヤブサ

平地から高山まで比較的開けた環境に生息する。崖地の岩棚や岩の隙間に営巣するほか、橋桁の横穴、ビルの換気口、建造物の鉄骨の隙間など人工構造物も利用する。ハタネズミや小鳥、昆虫などを捕らえて食べる。本種はハタネズミの糞や尿が反射する紫外線を見て生息密度を知ることができる。肩への負担が少ない短腕を素早く羽ばたき、尖翼を生かして高速飛行する。アスペクト比は8と大きく滑空性能にすぐれるうえ、翼面荷重も軽く(約3kg/㎡)、向かい風を利用して軽々とホバリングする。

尖翼短腕型	翼開長 ● 68〜76cm
	初列風切 ｜ 10枚
	次列風切 ｜ 13枚
	尾　羽 ｜ 12枚

♂
♀

オスは頭部が青灰色で、上面は栗色。
メスは頭部から尾羽にかけて赤褐色。
雌雄とも顔のひげ状斑が目立つ

獲物が見つかりそうな草地や農耕地上空を探索飛行し、発見するとホバリングして狙いを定め降下して捕らえる（FK）

捕らえたネズミを運ぶメス（FK）

捕らえたモグラを運ぶメス（FK）

ねらいを定めて急降下する。
その速度は時に時速300km
を超えるといわれる(FK)

獲物の受け渡しも
空中で行う

ハヤブサ ｜隼｜

学　名	*Falco peregrinus*
英　名	Peregrine Falcon
科属名	ハヤブサ科ハヤブサ属
全　長	♂38〜45cm、♀46〜51cm
季節性	留鳥(琉球諸島では冬鳥)

高速飛行のハンター

先のとがった細長い翼(アスペクト比8)は、高速
飛翔と滑空性能にすぐれている。翼面荷重が
やや重いこと(約6kg/㎡)や力強い羽ばたきが可
能な短腕であることも、高速飛翔できる条件を
満たしている。この飛翔性能を生かして、ヒヨ
ドリやハト大の鳥を空中で急襲する。獲物を発
見すると上昇し、上空から狙いをつけて急降下
して蹴落とす。高速飛行に都合のよい海岸や
崖地などの開けた環境に生息し営巣する。最
近では、都会のドバトを獲物にして、崖地に構
造の似たビル街に生息するものも現れた。

尖翼長腕型	翼開長 ● 84〜120cm	
	初列風切	10枚
	次列風切	13枚
	尾　羽	12枚

成　幼

雌雄同色。成鳥の虹彩は暗色で
アイリングが黄色く、胸から下は横斑。
幼鳥は虹彩とアイリングが青く、下面は縦斑

オス。ピュリリリリと鳴きながら、軽やかな羽ばたき跳躍飛行で上空を飛ぶ（FK）

リュウキュウサンショウクイ ｜ 琉球山椒喰 ｜

学　名	*Pericrocotus tegimae*
英　名	Ryukyu Minivet
科属名	サンショウクイ科サンショウクイ属
全　長	20cm
季節性	留鳥

分布北上中のスリムな鳥

かつては沖縄県や九州南部に分布する留鳥だったが、1990年頃から九州北部や四国でも観察されるようになった。その後も分布域が北上し、2016年には関東地方でも観察されるようになった。関東各地で越冬するほか、神奈川県では繁殖も確認されている。以前は夏鳥のサンショウクイ *P. divaricatus* の1亜種（*P. d. tegimae*）とされていた。昆虫食の鳥で、ヒタキのように、空中の虫をフライングキャッチしたり、ホバリングしながら枝先の昆虫やクモなどを捕らえる。冬期はエナガなどの混群に混じって行動する。

扇翼型

翼開長 ● 28㎝	
初列風切	10枚
次列風切	9（6＋3）枚
尾　羽	12枚

♀

オスは頭頂から尾羽にかけて黒く、下面は白いが、汚れたように灰色を帯びる。メスはオスの黒い部分が灰色

オスは中央尾羽2枚が長いが、短いタイプもいる（JT）

サンコウチョウ ｜三光鳥｜

学　名	Terpsiphone atrocaudata
英　名	Black Paradise Flycatcher
科属名	カササギヒタキ科サンコウチョウ属
全　長	♂45cm、♀18cm
季節性	夏鳥

優雅な飛翔と陽気なさえずり

長い尾羽をもつのはオスで、メスは短め。オスが長い尾羽をたなびかせながら飛翔する姿の優雅さから、英名にはParadise（楽園）が使われている。また、「月日星ホイホイホイ」と聞きなすことのできるさえずりが和名の由来。森林性の夏鳥で、暗い林内にぽっかり開いた空間を利用し、飛翔する昆虫が近づくと、待ち伏せしていた枝上から飛び出し、巧みな飛行でキャッチする。また空間に垂れたツルなどにカップ状の巣をつくる。水浴び以外はほとんど地上に降りることのない、樹上・空中生活者である。

扇翼型

翼開長 ● 27〜30㎝	
初列風切	10枚
次列風切	9（6＋3）枚
尾　羽	12枚

雌雄とも青い嘴とアイリングが目立つ。オスは長い尾羽をもつが、メスは短い

ツバメやカワセミのように、水中にダイビングして水浴びする。上／オス、下／メス ©櫻庭一憲

高い位置にとまり、地上に舞い降りて虫を捕らえ、再び上がる(JT)

捕らえた獲物を運ぶオス。繁殖期ではないので、はやにえにするのだろうか(FK)

モズ｜鵙｜

モズ科

学　名	*Lanius bucephalus*
英　名	Bull-headed Shrike
科属名	モズ科モズ属
全　長	19〜20cm
季節性	留鳥(北海道では夏鳥、琉球諸島では冬鳥)

扇翼型

翼開長 ● 27cm

初列風切	10枚
次列風切	9(6＋3)枚
尾　羽	12枚

♂ ♀

オスは過眼線が濃く、メスは淡い。
オスの翼には白斑がある

小さくても獰猛なハンター

昆虫やミミズ、ネズミなどを食べる肉食の鳥。時には小鳥も捕食する。樹上で獲物を見つけると飛び降りて捕らえたり、飛んでいる虫を空中で捕食したりする。嘴にカギ状の突起があり、獲物を引き裂く。生き餌を枝先やトゲに刺す、はやにえの習性があり、餌の少ない冬期に栄養を補給する。平地での繁殖開始は早く、2月から営巣が始まり、5月には巣立ち始める。いったん姿を消し、再び高原で見られるようになることから、場所を変えて2回目の繁殖をすると考えられている。羽ばたき跳躍飛翔をする。

秋には、どんぐりをせっせと運んで貯蔵する行動が見られる(FK)

北海道の亜種ミヤマカケス。姿は異なるが、習性は同じ(JT)

カケス ｜橿鳥｜

学　名	*Garrulus glandarius*
英　名	Eurasian Jay
科属名	カラス科カケス属
全　長	33cm
季節性	留鳥

鳴き真似が得意などんぐり好き

低山の林で繁殖し、冬期は平地に移動する個体もいる。幅広の丸い翼型(アスペクト比5)で翼面荷重は軽く(2〜3kg/㎡)、巡航速度の水平飛行では、約4.2回/秒の比較的ゆっくりした羽ばたき跳躍飛翔を行う。羽ばたきを止める間、翼を完全に閉じる弾道飛行と少し開いて揚力を得る滑翔が混じるため、比較的上下動の少ない飛行軌跡となる。春先、他種の鳥やネコなど、さまざまな動物の声を真似る習性がある。また集団で移動するときなどに出すジェイという声は、英名Jayの由来となっている。

円翼
短腕型

翼開長 ● 50cm	
初列風切	10枚
次列風切	9(6＋3)枚
尾　羽	12枚

雌雄同色で全体にぶどう褐色。翼には青と黒の縞模様の美しい部分がある。北海道の亜種ミヤマカケスは頭部や虹彩の色が異なる

姿はとても美しいが、鳴き声はにぎやかすぎる印象（JT）

枝から枝への細かな移動では、くさび形の尾羽をよく広げる（JT）

オナガ ｜尾長｜

学　名	*Cyanopica cyanus*
英　名	Azure-winged Magpie
科属名	カラス科オナガ属
全　長	35〜37cm
季節性	留鳥

円翼短腕型

翼開長 ● 41㎝

初列風切	10枚
次列風切	9（6＋3）枚
尾　羽	12枚

姿は美しいが、声にぎやか

本州の中部以北に局地的に分布。尾羽がとても長いのが特徴で、和名の由来。幅広の丸い翼（アスペクト比4）、翼面荷重は軽く（約4kg/㎡）、上下動の少ないふわふわとした羽ばたき跳躍飛行を行う。広げると翼面積の半分以上にもなる長い尾羽も、揚力を得るために役立っている。林が残る農耕地や緑の多い住宅地、公園などでよく見られ、群れで行動する。集団で営巣する傾向があり、子育てを手伝うヘルパーも見られる。天敵の襲撃を避けるためか、小型のタカであるツミの巣の周りに集団で営巣することも。

雌雄同色で頭部は黒く、翼や尾羽は明るい水色。尾羽はとても長い

ハイマツの実をくわえて
飛んでいく

採取場所と貯蔵場所を
何度も往復する（FK）

ホシガラス ｜星鴉｜

学　名	*Nucifraga caryocatactes*
英　名	Spotted Nutcracker
科属名	カラス科ホシガラス属
全　長	34〜35cm
季節性	留鳥

円翼 短腕型	翼開長 ● 59cm
	初列風切 ｜ 10枚
	次列風切 ｜ 9（6＋3）枚
	尾　羽 ｜ 12枚

山にすみ、木の実を貯蔵して冬に備えるカラス

亜高山帯の針葉樹林に生息し、ガァーガァーと
しわがれた声で鳴くカラスのなかま。暗褐色の
体に点々と混じる白色の羽毛を、夜空の星に
例えたのが和名の由来である。ブナやミズナラ
の果実や昆虫などを食べるが、秋期には、ハイ
マツやシラビソ、コメツガなど針葉樹の果実か
ら種子を取り出して食べる。こうした種子を消
化管のそのうに溜め込んで運び、岩の隙間や
樹のうろに貯蔵し、食物が不足する冬に備え
る。翼面荷重は軽く（約3kg/㎡）、幅の広い翼で
ふわふわと飛ぶ。

雌雄同色。頭部や体はチョコレート色で、
白い斑が多数入る

羽ばたきは小刻みで速い（JT）

カラス科

コクマルガラス ｜黒丸鴉｜

学　名	*Corvus dauuricus*
英　名	Daurian Jackdaw
科属名	カラス科カラス属
全　長	33cm
季節性	冬鳥

小さくて白黒のカラス

モンゴルや東シベリア、中国東部の繁殖地から中国南部、朝鮮半島、台湾の越冬地へ渡るが、そのうちの少数が日本に飛来し越冬する。冬鳥のミヤマガラスの群れに少数が混じり、一緒に行動することが多い。ミヤマガラスに比べて体は一回り小さく、キュウキュウと高い声で鳴く。農耕地を歩きながら穀類や昆虫をついばむ。羽色が全身黒色の個体と、頭の後ろから体下面にかけて白色の個体の2型が見られるが、前者は幼鳥、後者は成鳥である。大型のカラスと同様の羽ばたき飛行や滑空飛行をする。

裂翼中腕型

翼開長 ●	67〜74cm
初列風切	10枚
次列風切	10（6＋4）枚
尾　羽	12枚

幼

成

雌雄同色。成鳥は白黒で、幼鳥は全身が黒い

118

カラス属の他種と異なり、日中から大きな群れをつくって行動する（FK）

ミヤマガラス | 深山鴉 |

学　名	*Corvus frugilegus*
英　名	Rook
科属名	カラス科カラス属
全　長	47cm
季節性	冬鳥

裂翼中腕型

翼開長 ● 90 ㎝

初列風切 | 10枚
次列風切 | 11（6＋5）枚
尾　羽 | 12枚

常に群れで行動する冬のカラス

ミヤマガラスとは名ばかりで、平地の農耕地に生息する冬鳥。群れで行動する。ユーラシア大陸の中緯度地方の繁殖地では、平地林で集団営巣する。日本では、かつて九州や四国、山陰地方など西日本で見られる冬鳥だったが、近年越冬分布域が広がり、全国的に見られるようになった。上昇気流を利用するのに適した裂翼と、適度な滑空性能をもつ中腕の翼を使い、上空で大群が渦を巻くような帆翔シーンがよく見られる。耕作地に降りて、穀類や昆虫などをついばむ。成鳥の嘴は基部が白っぽい。

雌雄同色。
嘴がとがり、基部が白っぽい

昆虫を捕らえて運ぶ。手に入れた食物を貯蔵する習性がある（FK）

宙を舞う木の葉を空中で奪いあう遊びの行動（FK）

ハシボソガラス ｜嘴細鴉｜

学　名	*Corvus corone*
英　名	Carrion Crow
科属名	カラス科カラス属
全　長	50cm
季節性	留鳥

裂翼中腕型

翼開長 ● 99㎝

初列風切	10枚
次列風切	9〜10枚
尾　羽	12枚

ひょこひょこ歩き、ガアガア鳴くカラス

全国の海岸から河川、平野部の農耕地などで、通年ふつうに見られるカラス。地上を歩きながら、穀類や昆虫、動物の死体など何でも食べる雑食性である。翼面荷重が軽く（約3〜4kg/㎡）、裂翼中腕型の翼（アスペクト比6〜7）は、羽ばたき飛翔から帆翔まであらゆる飛行が可能で万能な形。遊びを好み、斜面を吹き上げる上昇気流や、建造物に当たって生ずる上昇気流に乗って遊ぶ姿がよく見られる。巡航飛行での羽ばたきは毎秒3.6回程度。間近を通過すると大きな羽音が聞こえる。

ハシブトガラス（右頁）よりもやや小さく、頭部がなだらかで、嘴は細め

ゴミ集積所で採食する群れに合流しようと飛んできた個体 ©清水哲朗

ハシブトガラス ｜嘴太鴉｜

学　名	*Corvus macrorhynchos*
英　名	Large-billed Crow
科属名	カラス科カラス属
全　長	57cm
季節性	留鳥

裂翼中腕型

翼開長	● 105cm
初列風切	10枚
次列風切	11（6＋5）枚
尾　羽	12枚

カラス科

都会を飛び回るカラス

市街地で最もよく見かけるカラスで、カーカーと澄んだ声で鳴く。その名のとおり、嘴の中央部が盛り上がり太い。海岸や河原、市街地、農耕地、山地の森林まで広く分布する。本来は森林性のカラスで、樹上から林床を見回して動物の死骸などを探し、発見すると地上に降りて採食する。建造物が樹上の見張り場と同じ機能を果たすため、市街地へ進出できたと考えられている。ハシボソガラスに比べ、ホッピングで（跳ねて）歩行することが多い。ハシボソガラスと同じように、さまざまな飛行ができる万能な翼の形だ。

ハシボソガラス（左頁）よりもやや大きく、上嘴が太めで下へ向かって湾曲する

121

次列風切先端に赤い蝋状の突起がある(JT)

同属のヒレンジャクも日本に渡来。尾羽の先端が赤い(JT)

キレンジャク │ 黄連雀 │

学　名	*Bombycilla garrulus*
英　名	Bohemian Waxwing
科属名	レンジャク科レンジャク属
全　長	19〜20cm
季節性	冬鳥

尖翼短腕型

翼開長 ● 32cm

初列風切	9枚
次列風切	9(6+3)枚
尾　羽	12枚

大群で木の実を平らげる

ユーラシア大陸と北アメリカ大陸の中緯度地方の樹林地で繁殖し、日本に渡来する冬鳥。木の実を採食するので、その豊凶が渡来数に影響する。越冬個体数の多い年には、シリシリシリシリと鈴をふるような声で鳴き交わしながら集団で飛び交う姿が、市街地の公園などでも見られる。冬期に残っている木の実を大群で食べ尽くす。翼の先端はややとがり、細長い滑空性能のよい形状(アスペクト比7)である。次列風切の先端には赤い蝋状の突起があり、英名のWaxwing(蝋の翼)の由来となっている。

雌雄同色。上下面ともなめらかな質感の灰色の羽毛。尾羽先端と風切の黄色が目立つ

山地と平地を移動したり海峡を渡る個体もいる（JT）

ヒガラ ｜日雀｜

学　名	*Periparus ater*
英　名	Coal Tit
科属名	シジュウカラ科ヒガラ属
全　長	11cm
季節性	留鳥

素早く動き回る小さなカラ

低山地から亜高山帯の針葉樹林に生息し、冬期は低地の針葉樹林に移動する。樹上を移動しながら昆虫やクモなどをついばむ。樹上を移動するときには、翼を閉じたままジャンプしたり、一瞬の羽ばたきで上昇したりバランスをとったりし、細かく動く。翼面荷重は軽く（約1.5kg/㎡）、肩に負担の少ない扇翼型の翼を毎秒約25回と素早く羽ばたくことで、瞬間的な上昇や前進が可能となっている。羽ばたきは間欠的で、水平飛行するときには羽ばたき跳躍飛行を行う。

扇翼型

翼開長 17cm

初列風切	10枚
次列風切	9（6＋3）枚
尾　羽	12枚

雌雄同色。シジュウカラに似るが、胸に黒い縦線はなく、頭部に冠羽がある

123

春先にシデ類の雄花が咲くと、停空飛翔しながら花をもぎとり、中の虫を採食する(JT)

秋にエゴノキの実が熟すと、さかんに採取し、食べたり、貯蔵したりする(FK)

ヤマガラ ｜山雀｜

学　名	*Sittiparus varius*
英　名	Varied Tit
科属名	シジュウカラ科ヤマガラ属
全　長	14～15cm
季節性	留鳥

せっせと木の実を運ぶ

平地から低山の樹林地に生息し、木の実を好んで食べる。足と嘴を使って実を引き寄せたり、枝上にとまりながら両足で堅い実を押さえ、嘴でつつき割って食べたりするなど、さまざまな採食方法が見られる。秋には木の実を樹皮の間や、枝の割れ目などに貯蔵する。かつては本種の採食方法に見られる、高い学習能力を利用した「おみくじ引き」の見せ物が、各地の神社の境内で行われていた。枝から枝へ、または地上へ頻繁に飛び移りながら採食するには、自在な飛翔が可能な扇翼型の翼が適している。

扇翼型

翼開長 ● 22㎝

初列風切	10枚
次列風切	9（6＋3）枚
尾　羽	12枚

雌雄同色。胸から腹は橙色で翼と尾羽は青灰色

秋冬には他種と混群をつくり、
さかんにディーディーディーと
鳴いて先導する(JT)

コガラ ｜小雀｜

学　名	*Poecile montanus*
英　名	Willow Tit
科属名	シジュウカラ科コガラ属
全　長	13cm
季節性	留鳥

キツツキではないのに、みずから巣を掘る

ユーラシア大陸の中緯度地方に分布する。日本では九州以北の丘陵地から亜高山帯の樹林内で一年中くらす。北海道では平地の森林にも生息し、おもに樹林内の中・低木層で採食する。やぶの中で枝から枝に飛び移りながら、樹皮の割れ目をのぞいたり、枝にぶら下がったりして昆虫やクモを捕らえる。冬期も移動せず、他種と混群をつくって行動し、木の実などを食べる。ほかの鳥のつくった樹洞を利用することもあるが、カラ類としてはめずらしく、枯れ木にみずから穴を掘って営巣する。

扇翼型

翼開長 ● 21cm	
初列風切	10枚
次列風切	9(6＋3)枚
尾　羽	12枚

雌雄同色。黒いベレー帽をかぶったような頭で、
上面や翼、尾羽は青みのある灰色

枝の上でホッピング
しながら虫を探し、
次の枝に飛び移る
（FK）

シジュウカラ ｜ 四十雀 ｜

学　名	*Parus cinereus*
英　名	Cinereous Tit
科属名	シジュウカラ科シジュウカラ属
全　長	14〜15cm
季節性	留鳥

細かく動き回って虫を探す

平地の市街地から山地の森林まで広く見られ
る。早春、ツピ ツピ ツピと各所からさえずりが
聞かれるようになる。繁殖期になると、オス同
士が追いかけ合ってなわばり争いするようすを
よく見かける。本来樹洞を営巣場所とするが、
市街地の庭や公園では、郵便受けや鉄パイプ
の中など人工物にも営巣し、巣箱もよく利用す
る。樹上や地上でおもに昆虫やクモを採食し、
果実を採食することもある。翼面荷重は軽く
（約1.6kg/㎡）、瞬発力を発揮する扇型の翼を
使って、樹林内を自在に動き回る。

扇翼型

翼開長 ● 22cm	
初列風切	10枚
次列風切	9（6＋3）枚
尾　羽	12枚

白と黒、灰色のモノトーンだが、背に緑色の
部分がある。胸に1本黒い縦線があり、
オスは太く、メスは細い

繁殖期には激しい
なわばり争いが見
られる(FK)

ヒバリ ｜雲雀｜

学　名	*Alauda arvensis*
英　名	Eurasian Skylark
科属名	ヒバリ科ヒバリ属
全　長	17cm
季節性	留鳥(北海道では夏鳥)

さえずり飛翔は春の風物詩

草地や農耕地、牧草地、裸地など開けた場所にすみ、地上を歩いて移動しながら草の実や昆虫をついばむ。繁殖期にはなわばりをつくり、隠蔽効果が高く目立たない巣を地面につくる。オスはなわばりを守るため、空中でホバリングしながら20分以上さえずり続けることがある。羽ばたき回数は毎秒10回程度。翼面荷重は軽く（1〜2kg/㎡）、小鳥の中では大きく滑空性能のよい翼をもつ（アスペクト比6）。翼面荷重の小さいオスほど、より長い時間、空中でさえずり続けることが確認されている。

扇翼型

翼開長 ● 32cm

初列風切	10枚
次列風切	9（6＋3）枚
尾　羽	12枚

雌雄同色。冠羽と白い眉斑がある。
上面は褐色で下面は白く胸に縦斑がある

しばしば、空中に飛んでいる虫をフライングキャッチする（FK）

ヒヨドリ ｜鵯｜

学　名	*Hypsipetes amaurotis*
英　名	Brown-eared Bulbul
科属名	ヒヨドリ科ヒヨドリ属
全　長	27〜29cm
季節性	留鳥

食物を求めて活発に飛び回る

平野部から標高の高い山地まで広く見られる。市街地でもふつうに見られ、街路樹や庭木に営巣することもある。季節的な国内移動をするものがあり、春と秋には100羽以上の群れが、昼間集団で上空を通過する姿が見られる。数回の羽ばたきと翼を閉じての弾道飛行を繰り返す、大きな山なりの羽ばたき跳躍飛翔を見せる。着地点が近づくと、翼と長い尾羽を広げて滑空しながら同時にブレーキをかけてスピードを落とす。翼面荷重は軽く（約2kg/㎡）、ホバリングして花の蜜を吸うこともある。

扇翼型

翼開長 ● 40cm

初列風切	10枚
次列風切	9（6＋3）枚
尾　羽	12枚

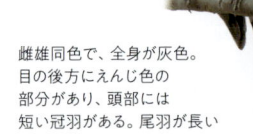

雌雄同色で、全身が灰色。目の後方にえんじ色の部分があり、頭部には短い冠羽がある。尾羽が長い

大柄ながら器用に停空飛翔し、とまれない位置にある実を採食（JT）　センダンの実を採食する（FK）

ヒヨドリ科

海峡を渡る大群。たいていハヤブサが狙っているので、群れは岬から飛び出したり、戻ったりを繰り返す

滑らかに飛びながら、空中に浮遊する昆虫を捕食する（FK）

空中でクモを見つけ、捕食しようとする幼鳥（FK）

ツバメ ｜燕｜

学　名	*Hirundo rustica*
英　名	Barn Swallow
科属名	ツバメ科ツバメ属
全　長	17〜18cm
季節性	夏鳥

尖翼 短腕型

翼開長 ● 32cm

初列風切	9枚
次列風切	9（6＋3）枚
尾　羽	12枚

空を自在に飛び回るなじみ深い鳥

本種の体重は約20g。このサイズの小鳥の多くは、素早い羽ばたきと翼を閉じた弾道飛行を繰り返す羽ばたき跳躍飛翔を行うが、本種は例外的に羽ばたき滑空飛行をする。高速飛行に適した尖翼、力強い羽ばたきが可能な短腕、加えて翼面荷重は軽く（約1.5kg/㎡）、細長く滑空性能にすぐれた翼（アスペクト比8）をもつ。数回の羽ばたきで十分な推進力が生まれ、その飛行速度を維持しながらしばらく滑空できる。二又に分かれた尾羽を使えば、急旋回も容易にできる。空中生活に適した飛行性能をもつ。

雌雄ほぼ同色。
額と喉は赤く、上面は光沢ある紺色。
尾羽の外側2本が長い

集団営巣の習性があり、
営巣地の周りでは多数
の鳥が飛び回っている
(FK)

喉から体下面は白く、
ややずんぐりした体型。
尾羽は浅い凹型(FK)

イワツバメ ｜岩燕｜

学　名	*Delichon dasypus*
英　名	Asian House Martin
科属名	ツバメ科イワツバメ属
全　長	13cm
季節性	夏鳥

**尖翼
短腕型**

翼開長 ● 30cm	
初列風切	9枚
次列風切	9（6＋3）枚
尾　羽	12枚

燕尾がない、モノトーンのツバメ

ツバメよりやや小形で腰が白く、尾羽は浅い凹型。海岸から高山まで、開けた場所に見られ、群れで行動する。平地では橋桁や建造物の軒下など、山地ではダム湖の壁面や山小屋の軒下などの人工構造物に集団で巣をつくる。巣はツバメと同じお椀形だが、より入り口が狭いつくり。ちなみに、本種の営巣地以外のねぐらは不明である。ツバメのなかまに共通の軽い翼面荷重（約1kg/㎡）、細長い翼（アスペクト比8）で羽ばたきと滑空を繰り返し、高速で上空を旋回しながら飛翔性昆虫を捕らえる。

雌雄同色。頭部から上面は濃紺で、
翼は黒褐色。下面と腰は白い。
尾羽に燕尾はなく、浅い凹型

131

ツバメよりも胴長な印象で、腰の赤い部分が目立つ。燕尾はツバメよりも長い（JT）

学校や団地などあまり高くない建築物の、最上階の階段の踊り場などに営巣する（JT）

コシアカツバメ │ 腰赤燕 │

学　名	Cecropis daurica
英　名	Red-rumped Swallow
科属名	ツバメ科コシアカツバメ属
全　長	18〜19cm
季節性	夏鳥

尖翼短腕型	翼開長 ● 33cm
	初列風切 │ 9枚
	次列風切 │ 9（6＋3）枚
	尾　羽 │ 12枚

その名のとおり、腰が赤いツバメ

九州以北に渡来する夏鳥。ツバメより少し大きく、尾羽もツバメに比べて太く長い。腰と頬から後頸にかけてと腹に赤みがある。翼の飛行性能はツバメとほぼ同じ。ギュリ ギュリと鳴きながら飛び、ツバメと同様に飛翔性昆虫を捕らえて食べる。滑翔時間が長めの滑らかな飛行をし、ツバメのような急旋回が少ない印象を受ける。どちらかというと西日本に多く、関東以北では少なかったが、最近、繁殖記録が北方へ広がっている。ツバメと同様、軒下に泥を使って、入り口の狭いとっくり形の巣をつくる。

雌雄ほぼ同色。頭部からの上面は光沢のある紺色で、後頭や腰は赤い。喉から下尾筒にかけての下面は細い縦斑がある

やぶからやぶへ移動するとき
などは、開けた場所に姿を見
せることがある（FK）

ウグイス ｜鶯｜

学　名	*Horornis diphone*
英　名	Japanese Bush Warbler
科属名	ウグイス科ウグイス属
全　長	14〜16cm
季節性	留鳥（北海道では夏鳥、琉球諸島では冬鳥）

やぶを好み、あまり姿を見せない

海岸から高山帯までの広い範囲のササなどの
やぶの中に生息する。円形の翼をもち（アスペクト
比3〜4）、滑空性能は期待できないが、短い移
動の繰り返しには適している。翼面荷重は軽く
（1〜2kg/㎡）、一瞬の羽ばたきで移動できる身軽
さは、枝葉が込み入ったやぶの中では有利であ
る。一方、渡り鳥の調査では、山形県酒田市か
ら沖縄県の石垣島まで2,000km以上移動し
た個体も確認されている。鳥の翼は必要に応じ
てさまざまな性能を発揮することのできる可変
翼であることを、あらためて示す例である。

**円翼
短腕型**

翼開長 ● 17〜21cm

初列風切	10枚
次列風切	9（6＋3）枚
尾　羽	10枚

ウグイス科

雌雄同色。茶褐色で、
わずかにオリーブ色を帯びる。
尾羽が長め

長い尾羽を使って、林の中を
器用に飛び回る（FK）

エナガ ｜柄長｜

学　名	*Aegithalos caudatus*
英　名	Long-tailed Tit
科属名	エナガ科エナガ属
全　長	13cm
季節性	留鳥

円翼短腕型	翼開長 ● 16cm	
初列風切	10 枚	
次列風切	9（6＋3） 枚	
尾　羽	12 枚	

身軽さを生かして、自在に飛び回る

低地や低山帯の雑木林に生息するこの鳥は、体重が7〜8gと軽い。翼面荷重も1〜2kg/㎡と身軽だ。秋から冬にかけては、シシシシ、ジッジッなどの鳴き声とともに群れになって、雑木林の樹上を枝から枝へとせわしなく移動する。枝先に逆さにぶら下がったり、ホバリングしてカイガラムシなどの昆虫をついばんだり自在に活動する。和名の由来となった長い尾羽は、混んだ枝の間をすり抜けて飛び回るときなどに、バランスをとったりブレーキをかけたり、飛行のパフォーマンス向上に一役買っている。

雌雄同色。丸みのある体形で尾羽は長い

大人気の亜種シマエナガ。羽色が違うだけで、翼のつくりは亜種エナガと同じだ（JT）

クモの糸やガのまゆなど、粘着性のある動物性繊維を
巣材として利用する（FK）

翼を広げた姿には清楚な印象がある（JT）

停空飛翔も駆使して、葉についた虫を捕らえる(JT)

さえずりながら移動し、虫を捕食する

センダイムシクイ ｜仙台虫喰｜

学　名	*Phylloscopus coronatus*
英　名	Eastern Crowned Leaf Warbler
科属名	ムシクイ科ムシクイ属
全　長	12〜13cm
季節性	夏鳥

扇翼型

翼開長 ● 19㎝

初列風切	10枚
次列風切	9(6+3)枚
尾　羽	12枚

最もよく見かけるムシクイ

ロシアのウスリー地方や朝鮮半島、日本で繁殖し東南アジアで越冬する。日本では、北海道から九州までの、低山の落葉広葉樹林で繁殖する。春と秋の渡りでは身近な公園にも立ち寄る。茂った葉の間を、機敏に枝から枝へと飛び移る。ムシクイの名前のとおり、樹上の葉陰に潜む昆虫やクモを見つけ、細くとがった嘴でつまみとって食べる。本種の扇翼型の翼は、渡りという長距離の移動から、枝から枝への短距離の移動まで、多様な機能をもつ。また、葉陰の昆虫を停空飛翔しながら捕らえることもできる。

雌雄同色。全体に緑を帯びた褐色で、下嘴が橙色

ヨシに上ってにぎやかにさえずり、次にさえずるヨシへ移動する（FK）

アスペクト比が大きく、渡りに適した翼だ（FK）

オオヨシキリ | 大葦切 |

学　名	*Acrocephalus orientalis*
英　名	Oriental Reed Warbler
科属名	ヨシキリ科ヨシキリ属
全　長	18〜19cm
季節性	夏鳥

夏のヨシ原を飛び回る

夏のヨシ原で最もにぎやかな鳥。オスは、メスよりもひと足早く渡来するとギョギョシ、ギョギョシと大きな声で一日中鳴き通してなわばりを守る。巣づくりや抱卵はメスが行う。メスを迎え入れるとオスは一時的にあまりさえずらなくなるが、メスが抱卵を始める頃から再びさえずり始め、別のメスを迎え入れる準備をする。この結果、2〜3割が一夫多妻となる。翼のアスペクト比は5で、ウグイスの4に比べて大きく、滑空性能がよい。毎年、東南アジアの越冬地まで長距離飛行するのに適した翼である。

扇翼型

 翼開長 ● 26㎝

初列風切	10枚
次列風切	9（6＋3）枚
尾　羽	12枚

ヨシキリ科

雌雄同色。全体に茶褐色で、嘴は大きめ

草むらから数メートル
飛び上がり、さえずり
ながら飛翔する

オオセッカ ｜大雪加｜

学　名	*Locustella pryeri*
英　名	Marsh Grassbird
科属名	センニュウ科センニュウ属
全　長	13～14cm
季節性	東北の一部では夏鳥、関東の一部では留鳥、本州中部以南では冬鳥

分布が局地的な希少種

青森県、秋田県、茨城県、千葉県など限定された地域の、スゲなどの下層植生のあるヨシ原で繁殖する。東北、関東、東海地方の太平洋側で越冬する。繁殖期には、オスはなわばり内でジュビジュビジュビジュビとさえずりながら、空中を弧を描くように飛ぶディスプレイフライトを頻繁に行う。巣はドーム型やカップ型で、ヨシ原の低い位置につくられる。巣づくりや抱卵はメスのみが行い、婚姻形態は一夫多妻。越冬期にはなかなか姿を現さないが、ジッジッという鳴き声で存在に気づくことがある。

円翼短腕型

翼開長 ● 16～18㎝

初列風切	10枚
次列風切	9（6＋3）枚
尾　羽	12枚

雌雄同色。
全体に赤みのある褐色で、
背に黒く太い縦斑がある。
尾羽はくさび形

巣材として、チガヤなどの
穂を運ぶ(FK)

なわばりの上空でチャッチャッ、
チャッチャッと鳴きながら、さ
えずり飛翔を行う(FK)

セッカ ｜雪加｜

学　名	Cisticola juncidis
英　名	Zitting Cisticola
科属名	セッカ科セッカ属
全　長	13〜14cm
季節性	留鳥(本州北部では夏鳥)

円翼 短腕型	翼開長 ● 16㎝
	初列風切 ｜ 10枚
	次列風切 ｜ 9(6＋3)枚
	尾　羽 ｜ 12枚

鳴きながら波形に飛び回る

平地や山地の草原で繁殖。オスはチガヤやカルカヤの茎に、クモの糸で葉を縫いつけた袋状の巣をつくる。オスはなわばり内にいくつもの巣をつくり続け、その度にメスを迎え入れる。メスの成熟は早く、生まれた年に産卵できる。オスはなわばり防衛のため、間欠的な羽ばたき飛行で上下動を繰り返すさえずり飛翔を行う。このときの飛翔をスローモーションで確認すると、2〜3回の羽ばたきで下降を止め、より急ピッチな3〜4回の羽ばたきで上昇する、2つの羽ばたきモードを使っていることがわかる。

雌雄同色。白い眉斑が
目立ち、上面には
黒くて太い縦斑がある。
尾羽は丸尾で黒い大線があり、
先端は白い

カワヅザクラの花蜜を
めぐり、空中戦が繰り
広げられた（JT）

メジロ ｜目白｜

学　名	*Zosterops japonicus*
英　名	Warbling White-eye
科属名	メジロ科メジロ属
全　長	12cm
季節性	留鳥

花の蜜も好むグルメな鳥

平地から山地まで樹林地に広く見られ、市街
地の庭先にもよく姿を現す。樹上の枝の中を移
動しながら、昆虫やクモ、果実をついばむ。果
汁や花蜜を好み、先端がブラシ状の舌で舐め
とる。翼面荷重は比較的軽く（約2kg/㎡）、枝か
ら枝へと活発に飛び回ることができる。木の実
などの食物が少なくなる冬期、開花したツバキ
やウメ、サクラの花の蜜を吸うほか、気温が高
い日には空中に発生した虫を捕食する場面も見
られる。足場のない場所では、停空飛翔しなが
ら食物をついばむこともできる。

扇翼型

翼開長 ● 18cm

初列風切 ｜ 10枚
次列風切 ｜ 9（6＋3）枚
尾　羽 ｜ 12枚

雌雄同色で頭部から上面はオリーブ色、
喉や下尾筒は黄色。
目の周囲に白いふちどりがある

くちばしの先に小さな虫が刺さっている（FK）

スギやヒノキの枝から枝へ、細かく飛び回る（JT）

キクイタダキ | 菊戴 |

学　名	*Regulus regulus*
英　名	Goldcrest
科属名	キクイタダキ科キクイタダキ属
全　長	9～10cm
季節性	本州以北では留鳥、四国・九州以南では冬鳥

素早く動き回る国内最小の鳥

国内最小の鳥で体重はわずか5～7gしかない。亜高山から高山にかけての針葉樹林で繁殖し、冬期は平地林に移動する。針葉樹の樹冠部を動き回り、小さなクモやアブラムシのなかまなどをついばむ。とまることができないような細い葉先にいる虫を、停空飛翔しながら採食したり、空中を飛んでいる虫をフライングキャッチすることもできる。これは、翼面荷重約1kg/㎡の身軽さと、肩への負担の少ない円翼短腕型の翼を、毎秒22～24回羽ばたかせて急発進できる瞬発力により、可能な動きである。

円翼短腕型

翼開長	● 15㎝
初列風切	10枚
次列風切	9（6＋3）枚
尾　羽	12枚

雌雄はぼ同色。上面はオリーブ色で、翼に2本の白い線がある。目の周囲は白い線でふちどられ、頭頂には黄色い羽がある

地上近くで行動すること
が多く、動きは素早い
(FK)

地表近くを素早く飛
びまわり、急旋回も
難なくこなす(FK)

ミソサザイ ｜鷦鷯｜

学　名	*Troglodytes troglodytes*
英　名	Eurasian Wren
科属名	ミソサザイ科ミソサザイ属
全　長	10〜11cm
季節性	留鳥

小さな体で地上を素早く動き回る

国内最小級の鳥で、体重は9〜10g。山地の
渓流沿いに生息する。岩の隙間やコケに覆わ
れた倒木の下、林床の狭い隙間に入り込み、
昆虫やクモをついばむ。地味な羽色のうえ、林
床を動き回るため、普段は目立たないが、繁殖
期にオスは倒木の上などで大きな声で長くさえ
ずる。冬期は平地に移動し、やぶの中でくらす。
チュッチュッという地鳴きはウグイスに似ている。
ほかの鳥があまり利用しない林床や地下の隙
間に潜り込んでくらすためには、コンパクトに
収納できる円翼短腕型の翼が適している。

円翼
短腕型

翼開長 ● 16cm

初列風切	10枚
次列風切	9(6+3)枚
尾　羽	12枚

雌雄同色。ほぼ全身がこげ茶色で、
黒い横斑がある。不明瞭な眉斑がある

羽ばたき跳躍飛翔で木から木に移動する(JT)

ゴジュウカラ | 五十雀 |

学　名	*Sitta europaea*
英　名	Eurasian Nuthatch
科属名	ゴジュウカラ科ゴジュウカラ属
全　長	14cm
季節性	留鳥

木の幹を上下左右に動き回る

低山から亜高山にかけての落葉広葉樹林や針葉樹林にすむ。フィ フィ フィ フィとよく通る大きな声で鳴く。強力な足指の爪を使って、木の幹の上を逆さまの姿勢で動き回ることができる。樹皮の隙間に隠れた昆虫やクモをついばんだり、木の実を食べる。秋期、ヤマガラと同じように木の実を幹の割れ目などに貯蔵することが知られている。樹洞営巣性だが、自分で穴を掘ることはできないため、キツツキの古巣などを利用する。巣の入り口に泥などを塗って、サイズを調整することが知られている。

扇翼型

翼開長 ●	24cm
初列風切	10枚
次列風切	9（6＋3）枚
尾　羽	12枚

ゴジュウカラ科

雌雄同色。上面は青灰色で、下面は白い。黒くて太い過眼線が目立つ

探索しながら木の幹をのぼり、
次の木の低い位置に飛び移る

素早いうえ、飛ぶきっ
かけをつかみにくいの
で撮影は困難（JT）

キバシリ ｜木走｜

キバシリ科

学　名	Certhia familiaris
英　名	Eurasian Treecreeper
科属名	キバシリ科キバシリ属
全　長	14cm
季節性	留鳥

木の幹での生活に特化

低山から亜高山にかけての、落葉広葉樹林や
針葉樹林にすむ。キツツキのように木の幹にと
まり、チュリー　チュリー　チュリーと鳴きながら、
ジグザグにあるいは螺旋状に幹をのぼる。樹
皮についたコケ類の中に、下向きに湾曲した細
長い嘴を差し込んで、昆虫やクモを食べる。背
面の模様は、樹皮に溶け込む隠蔽色である。
和名は木の幹にとまり、幹の上を動き回る習性
に由来する。翼面荷重は軽く（1.2kg/㎡）、羽ば
たき跳躍飛行する。翼を広げると白い翼帯が目
立つが、なかなか見られない。

扇翼型	翼開長 ● 20㎝

初列風切 ｜ 10枚
次列風切 ｜ 9（6＋3）枚
尾　羽 ｜ 12枚

雌雄同色。頭部から
体上面、尾羽にかけて
複雑な模様。嘴は細長く、
下に湾曲する

群れで行動し、ねぐら入り
では群れ同士が合流して大
群になる(FK)

飛び立つときにキュルルル
と鳴き、飛翔時には腰の白
い部分が目立つ(FK)

ムクドリ ｜椋鳥｜

学　名	*Spodiopsar cineraceus*
英　名	White-cheeked Starling
科属名	ムクドリ科ムクドリ属
全　長	24cm
季節性	留鳥

扇翼型

翼開長 ● 40㎝

初列風切	9枚
次列風切	9(6＋3)枚
尾　羽	12枚

ムクドリ科

巨大な群れになる身近な鳥

平地から低山の河原、草地、耕作地などの地上を歩きながら採食する。地面に差し込んだ嘴を大きく開き、地中や草の中に潜む昆虫を探って採食する(オープンビルプロービング法)。翼はアスペクト比6〜7で、翼端もややとがり、高速での滑空性能がよい。高速度の飛行では、羽ばたき跳躍飛行をする。羽ばたき跳躍飛行では、羽ばたき飛行と翼を閉じて体を投げ出す弾道飛行を交互に行うが、低速度になってくると、弾道飛行の部分で翼を少し開き滑空することが多くなり、羽ばたき滑空飛行に近くなる。

雌雄同色。ほぼ全身が灰褐色と黒で、
ところどころ白い斑がある。橙色の嘴と足が目立つ

地上を歩いて行動し、危険を感じると樹上に上がる（FK）

ツグミ科

トラツグミ ｜虎鶫｜

学　名	*Zoothera aurea*
英　名	White's Thrush
科属名	ツグミ科トラツグミ属
全　長	30cm
季節性	留鳥（北海道では夏鳥）

鳴き声とは裏腹のユーモラスな動き

北海道から九州にかけての森林で繁殖し、冬期には積雪を避けて南下したり、山地から平地の雑木林に移動するため、市街地の公園の林内でも見られる。地上を歩いては時々立ち止まり、落ち葉の下からミミズや昆虫をつまみ出して食べる。立ち止まったとき、腰を上下左右に揺する行動が見られる。この行動の生態的意味については、餌の追い出し効果や天敵へのアピールなど諸説あるが、解明されていない。おもに繁殖期の暗い時間帯に、ヒー ヒーと単調な笛の音のような声でさえずる。

扇翼型

翼開長 ●	47㎝
初列風切	10枚
次列風切	9（6＋3）枚
尾　羽	14枚

雌雄同色。頭部から体上面、尾羽にかけて黄褐色で、黒い斑がうろこ状に入る。下面は白く、三日月斑が並ぶ

渡りの途中に立ち寄った林で、ムクノキの熟した実をくわえて飛び去る（FK）

マミチャジナイ ｜眉茶鶫｜

学　名	*Turdus obscurus*
英　名	Eyebrowed Thrush
科属名	ツグミ科ツグミ属
全　長	22cm
季節性	旅鳥

眉斑が目立つ旅鳥のツグミ

ロシア東部、中国北東部で繁殖し、東南アジアで越冬する旅鳥。沖縄や西日本でも少数が越冬する。渡りでは国内にも立ち寄り、平地から山地の林で見られるが、春よりも秋のほうが多い傾向がある。冬鳥として渡来する同じツグミのなかまより少し早く、9月中旬頃から見られる。渡りの季節には、夜間、上空からチュリーという飛翔時の鳴き声が聞こえることがある。秋の渡りで立ち寄った林では、樹上でミズキやムクノキなどの実を採食する。実を繰り返し採食したあと、種を吐き出すようすが見られる。

扇翼型

翼開長 ● 37cm

初列風切	10枚
次列風切	9（6＋3）枚
尾　羽	12枚

ツグミ科

雌雄ほぼ同色。頭部の眉斑や頬線が目立つ。上面は茶褐色で、胸から脇にかけては橙色

147

飛翔時にはツィーと鳴くことが多い（JT）

同属のアカハラは山地林で繁殖。移動して位置を変えながらさえずる（JT）

ツグミ科

シロハラ ｜白腹｜

学　名	*Turdus pallidus*
英　名	Pale Thrush
科属名	ツグミ科ツグミ属
全　長	24〜25cm
季節性	冬鳥（北海道では旅鳥、対馬では留鳥）

冬の林でガサガサ音を立てる

中国東北部や朝鮮半島、ロシア南東部で繁殖し、日本や東南アジアで越冬する。日本では積雪のない地域で越冬する。秋に渡ってくると樹上で木の実を採食する。冬に樹上の実がなくなると地上に降り、ガサッ、ガサッと落ち葉をひっくり返し、隠れている土壌動物や落ちている木の実を採食する。林の中で活動することが多く、開けた場所に出てくることは少ない。ほかの個体としばしば小競り合いし、ツィー ジャッジャッ ポピポピポピなどさまざまな声を出す。春先、渡る前にさえずることもある。

扇翼型

翼開長 ●39cm

初列風切	10枚
次列風切	9（6＋3）枚
尾　羽	12枚

♀

♂

上面や翼は、オリーブ褐色。オスは頭部が黒灰色で黄色いアイリングや下嘴が目立つ。メスは頭部が褐色で、アイリングは淡い

渡りが近くなると群れるようになり、小競り合いする場面も見られる(FK)

跳躍飛翔に滑翔を交えるため、直線的な飛翔に見える(FK)

ツグミ ｜鶫｜

学　名	*Turdus eunomus*
英　名	Dusky Thrush
科属名	ツグミ科ツグミ属
全　長	24cm
季節性	冬鳥

山野の冬鳥の代表格

秋に渡ってくる代表的な山野の冬鳥。低地から山地の農耕地や草地、公園の林や芝生地など積雪のない場所で過ごす。秋には樹上の実を食べる。冬に実がなくなると地上に降り、ホッピングとウォーキングを織り交ぜながら歩き、立ち止まっては地中のミミズや昆虫をついばむ。羽ばたき跳躍飛行するが、羽ばたきを止めた弾道飛行時に翼を少し開いて滑翔するため、上下動の少ない直線的な飛行軌跡となる。越冬地ではクィクィと地鳴きするが、北方へ渡る時期になると、美しい声でさえずることもある。

扇翼型

翼開長 ● 39cm	
初列風切	10枚
次列風切	9(6+3)枚
尾　羽	12枚

雌雄同色。背や翼は赤茶色、胸から下面は白く、いずれも黒い斑が入る。クリーム色の眉斑が目立つ

電線も格好の待ち伏せ場所。飛び出して空中の虫を捕らえる（JT）

同属のコサメビタキもアクロバティックに飛び、空中の虫を捕らえる（JT）

エゾビタキ ｜蝦夷鶲｜

学　名	Muscicapa griseisticta
英　名	Grey-streaked Flycatcher
科属名	ヒタキ科サメビタキ属
全　長	15cm
季節性	旅鳥

見通しのよい位置で待ち伏せする

渡りの途中、日本に立ち寄る旅鳥で、中国東北部、ロシア南東部、サハリン、カムチャツカ、千島列島で繁殖し、東南アジアで越冬する。低山から平地の林のほか、市街地の公園などにも立ち寄り、おもに秋の渡りで見られる。林縁など開けた空間のある場所の枝にとまって待ち伏せし、飛来する昆虫を飛び出してフライングキャッチする。獲物を狙って飛び出しては、元の枝に戻ることを繰り返す。ミズキなどの木の実を採食することもある。直線的な飛行に見えるが、通常はある程度上下に振れる跳躍飛行である。

扇翼型　翼開長 ● 26㎝

初列風切	10枚
次列風切	9（6＋3）枚
尾　羽	12枚

雌雄同色。ほぼ全身が灰褐色で、胸から腹にかけて縦斑がある。

ある程度の時間さえずり、次の枝に移動するということを繰り返していた（FK）

比較的高い位置にとまって待ち伏せし、飛び上がって虫を捕らえるようすが見られる ©長谷野乃子

オオルリ ｜ 大瑠璃 ｜

メイン・サブ写真ともオス

学　名	*Cyanoptila cyanomelana*
英　名	Blue-and-white Flycatcher
科属名	ヒタキ科オオルリ属
全　長	16～17cm
季節性	夏鳥

声も姿も美しい青い鳥

低山から亜高山帯の森林に渡来する夏鳥。渓流沿いの森林に多い。オスは林内の目立つ枝にとまり、さえずる。メスは岩の隙間などにコケを使った巣をつくる。建物の軒下に営巣することもある。春と秋の渡りでは、都市公園の林にも立ち寄る。枝にとまって待ち伏せし、飛翔する昆虫を上空に飛び出し、フライングキャッチで捕らえる。秋にはミズキなどの木の実も採食する。繁殖期のオスは、メスの上空を活発に飛び回るディスプレイフライトを行う。翼面荷重は軽く（約1.5kg/㎡）、機敏な飛翔が可能である。

扇翼型

翼開長 ● 27cm	
初列風切	10枚
次列風切	9（6＋3）枚
尾　羽	12枚

ヒタキ科

オスは上面が光沢のある瑠璃色で、目の周囲から胸にかけて黒く、腹は白い。メスは赤みのある褐色

151

オス。林内の枝から枝に、細かく素早く移動する(FK)

ヒタキ科

キビタキ ｜黄鶲｜

学　名	*Ficedula narcissina*
英　名	Narcissus Flycatcher
科属名	ヒタキ科キビタキ属
全　長	14cm
季節性	夏鳥(琉球諸島では冬鳥)

さえずりが美しい夏鳥の代表格

丘陵地から低山地まで、さまざまなタイプの森林に渡来する夏鳥。春と秋の渡りの途中には市街地の公園にも立ち寄る。林内の枝にとまり、葉の上に潜んでいる昆虫の幼虫を捕食したり、飛んでいる昆虫を空中で捕らえ、もとの枝にとまって食べる。秋には木の実も食べる。繁殖期にオスは、メスの周りをブンブンと鳴きながら縦横に飛び回るディスプレイフライトを行う。翼面荷重が軽く(約1.5kg/㎡)、羽ばたきやすくて万能な性能を発揮する扇翼型の翼は、素早い急上昇や急旋回を可能にしている。

扇翼型

翼開長 ● 22㎝	
初列風切	10枚
次列風切	9(6+3)枚
尾　羽	12枚

♂　♀

オスは胸から腹にかけてと腰、眉斑が黄色く、喉は橙色。メスは褐色で緑色を帯びる

152

メス。果柄にとまれないときなどに、しばしばホバリングして実をついばむ（JT）

ムギマキ ｜麦蒔｜

学　名	*Ficedula mugimaki*
英　名	Mugimaki Flycatcher
科属名	ヒタキ科キビタキ属
全　長	13cm
季節性	旅鳥

秋の実りにやってくる旅鳥

中国北東部、モンゴル、ロシア南東部、サハリンなどで繁殖し、東南アジアで越冬する旅鳥。渡りの途中、とくに秋期に通過する個体が国内でも少数観察される。海岸林や平地から低山の雑木林などに姿を現す。開けた空間のある林縁部の枝で待ち伏せし、昆虫が通過すると飛び出してフライングキャッチする。同じとまり木に戻らず、移動しながら待ち伏せすることが多い。秋にはマユミやツルマサキなど脂質が豊富な実をよく食べる。樹上だけでなく、地上に降りて採食することもある。

扇翼型

翼開長 ● 21cm	
初列風切	10枚
次列風切	9（6＋3）枚
尾　羽	12枚

ヒタキ科

オスは頭部から体上面、尾羽にかけて黒く、白い眉斑があり、喉から腹は橙色。メスは頭部から尾羽にかけて褐色で、喉から胸にかけて淡い橙色

地上に降りて虫を捕らえ、樹上に戻って食べる(FK)

低い位置にとまり、飛び出して地上に降りる(FK)

ルリビタキ ｜瑠璃鶲｜ メイン・サブ写真ともオス

学　名	*Tarsiger cyanurus*
英　名	Red-flanked Bluetail
科属名	ヒタキ科ルリビタキ属
全　長	14cm
季節性	留鳥(北海道では夏鳥、九州以南では冬鳥)

冬でも見られる青い鳥

北海道や本州、四国の亜高山帯針葉樹林で繁殖し、冬期は低山や平地に移動する。公園や庭先の林縁に出てくることもあるが、暗い林内を好む。樹林内の低い枝にとまり、林床の虫を見つけると飛びついて捕らえる。木の実を食べることもある。冬期も個体ごとになわばりをつくり単独でくらす。名前のとおり本種のオスは、上面が青色の羽毛で覆われるが、これは2歳以上のオスである。満1歳のオスは繁殖することはできるが、羽色は幼鳥と同じ茶色のままであり、この性質を遅延羽色成熟という。

扇翼型

翼開長 ● 22cm

初列風切	10枚
次列風切	9(6+3)枚
尾　羽	12枚

オスは頭部から尾羽にかけて光沢のある青色で、脇は山吹色。白い眉斑がある。
メスはオリーブ褐色で、上尾筒から尾羽は青い

河原で空中を飛んでいる虫をさかんにフライングキャッチしていたオス（JT）

メス。低い位置にとまり、地上に降りては再び上がってとまることを繰り返す（FK）

ジョウビタキ｜常鶲｜

学　名	Phoenicurus auroreus
英　名	Daurian Redstart
科属名	ヒタキ科ジョウビタキ属
全　長	14cm
季節性	冬鳥（本州の山地で一部繁殖）

住宅地にも現れるヒタキ

日本の低地の耕作地や公園、住宅地など開けた環境で見られる冬鳥。近年、標高の高い高原の別荘地などでの繁殖例が増えている。低木や杭の上にとまり、地上に降りて昆虫を採食する。人が畑を耕す脇で、掘り起こされたミミズなどの土壌動物をついばむこともある。虫だけでなく、木の実も食べる。冬期、オスもメスもそれぞれなわばりをもち、同種の侵入があると追い出す。人家の庭や駐車場では、ガラス戸やサイドミラーに映るみずからの姿を侵入者と認識して、執拗に攻撃することがある。

扇翼型

翼開長 ● 22cm

初列風切	10枚
次列風切	9（6＋3）枚
尾　羽	12枚

ヒタキ科

♀

♂

オスは頭頂から後頭が銀灰色で、顔や背は黒い。胸から腹、尾羽は橙色。メスは頭部から上面が褐色

オスは瑠璃色と橙色のコントラストが美しい（FK）

空中で虫を捕食することもある（FK）

ヒタキ科

イソヒヨドリ ｜磯鶫｜

学　名	*Monticola solitarius*
英　名	Blue Rock Thrush
科属名	ヒタキ科イソヒヨドリ属
全　長	26cm
季節性	留鳥（北海道では夏鳥）

海岸から内陸へ分布拡大中

日本では岩礁海岸にすむ鳥だったが、近年、内陸の市街地にも進出し、ビルの軒下や換気扇、立体駐車場など人工構造物を利用して繁殖するケースが増えてきた。食性は多様で、岩礁ではフナムシやカニのなかま、周辺の林地ではヤモリやムカデなどの小動物や果実などさまざまなものを食べる。市街地ではツバメの巣も襲う。オスは繁殖期になると見晴らしのよい場所で、大きな澄んだ声でさえずる。市街地では、ビルの屋上でさえずる姿を見かける機会が多い。羽ばたき跳躍飛翔の合間に時々滑翔をはさむ。

扇翼型

| 翼開長 ● 38cm |
| 初列風切 ｜ 10枚 |
| 次列風切 ｜ 9（6＋3）枚 |
| 尾　羽 ｜ 12枚 |

♂若　♀

オスは頭部から尾羽にかけてと胸が明るい青色で、下面は橙色、メスは全身が褐色で、うろこ状の斑がある

水が流れ落ちる滝の裏などに巣をつくる

ギッと鳴きながら、水面のすぐ上を飛んでいく

カワガラス ｜河烏｜

学　名	*Cinclus pallasii*
英　名	Brown Dipper
科属名	カワガラス科カワガラス属
全　長	21～23cm
季節性	留鳥

扇翼型

翼開長	●32cm
初列風切	10枚
次列風切	9（6＋3）枚
尾　羽	12枚

雌雄同色。ほぼ全身がこげ茶色。足は銀灰色で、がっしりしている

渓流での生活に特化

低山から山地の渓流にすみ、水中を覗いたり潜水したりし、おもに水生昆虫や魚を捕らえて食べる。川筋に沿って水面近くを羽ばたき飛行で移動する。水面すれすれに飛ぶことで、翼端に生じる渦による誘導抵抗を減らす水面効果が得られ、省エネ飛行となる。足裏は柔らかく厚い肉球が発達し、滑りやすい岩の上を歩くのに適している。水中に潜るときには、半開きにした翼を羽ばたかせて泳ぐことができる。水中では嘴を使って石をひっくり返し、裏に張りついた水生昆虫をつまんで食べる。

住宅地を飛び回るようすをよく見かける（JT）

若鳥は嘴の付け根に黄色い部分がある（FK）

スズメ ｜ 雀 ｜

学　名	*Passer montanus*
英　名	Eurasian Tree Sparrow
科属名	スズメ科スズメ属
全　長	14～15cm
季節性	留鳥

扇翼型

翼開長	● 23㎝
初列風切	9枚
次列風切	9（6＋3）枚
尾　羽	12枚

身のまわりを飛び回るなじみ深い鳥

人の暮らしと深く関わり合ってくらす身近な鳥の一つ。住宅地のほか、人家近くの農耕地、樹林、草地など人の生活域でふつうに見られる。瓦屋根の隙間や軒下、電柱や信号機、標識など、さまざまな人工構造物の隙間に営巣する。繁殖期が終わると竹林や街路樹の中などに集団でねぐらをとるものもいる。翼面荷重が約2～3kg/㎡、アスペクト比5の扇翼型の翼では、ツバメやヒタキのなかまのようなアクロバティックな飛行はできないが、短時間のホバリングはできる。羽ばたき跳躍飛行を行う。

雌雄同色。頭部は茶色で、目の周囲と喉は黒い。頬は白く、黒い斑がある

比較的ゆっくり飛びな
がら空中の虫を見つけ、
捕らえることも多い
(FK)

飛び立って、ユスリカやハ
エなどをしばしばフライン
グキャッチする(JT)

ハクセキレイ | 白鶺鴒 |

学 名	*Motacilla alba*
英 名	White Wagtail
科属名	セキレイ科セキレイ属
全 長	21cm
季節性	留鳥

扇翼型 翼開長 ● 30cm

初列風切	9枚
次列風切	9(6+3)枚
尾 羽	12枚

♂

♀

夏羽のオスは頭頂と背が黒く、冬羽では
背が灰色になる。冬羽のメスは頭頂も灰色

鳴きながら山なりに飛ぶ

海辺や河川、市街地、農耕地などさまざまな場
所で見られる。また、営巣場所として建造物の
軒下や換気口、ベランダの植え込み、建材の隙
間を選んだり、ねぐらとして橋桁や街路樹など
を選ぶことも多く、人間生活との関わりが深い。
地上を歩きながら昆虫やクモ、草の種子などを
ついばむ。翼面荷重約1.5kg/㎡の身軽さで飛
び回り、チチンと鳴きながら、落差が大きい山
なりの羽ばたき跳躍飛行を行う。羽ばたきを止
めて翼をたたんだ弾道飛行の間は、長い尾羽
で細かくバランスをとって姿勢を保つ。

飛翔時、セグロセキレイに似た声で鳴くことがある

ビンズイ ｜便追｜

学　名	*Anthus hodgsoni*
英　名	Olive-backed Pipit
科属名	セキレイ科タヒバリ属
全　長	14〜16cm
季節性	留鳥（北海道では夏鳥、九州以南ではおもに冬鳥）

冬の松林を好むセキレイ

山地の林床の開けた明るい林で繁殖し、昆虫類を主食とする。オスは樹上で長いさえずりを行うが、そのまま羽ばたいてヒバリのように垂直に上昇し、再び舞い降りるさえずり飛翔のディスプレイフライトを行う。冬期は平地に移動して数羽の小さな群れで越冬し、アカマツ林を好む傾向がある。尾羽を上下に振りながら地上をウォーキングで移動し、マツの種子を好んで食べる。天敵が近づき驚くと、すぐ樹上へ避難する。樹上でも枝の上を歩いて移動する。飛行は羽ばたき跳躍飛行である。

扇翼型

翼開長 ●	26cm
初列風切	9枚
次列風切	9（6＋3）枚
尾　羽	12枚

雌雄同色で、上面は緑みのある褐色。胸から腹にかけては白く、縦斑がある。耳羽に白斑がある

「集まる鳥」が転じたのが
名前の由来だという

メス。冬場は樹上に残った木の実を求める（FK）

アトリ ｜ 花鶏 ｜

学　名	*Fringilla montifringilla*
英　名	Brambling
科属名	アトリ科アトリ属
全　長	15cm
季節性	冬鳥

集まって大群になる鳥

冬鳥として渡来し、初めは山地の森林で過ごし、しだいに平地に移動する。山地ではナナカマドやズミなどをついばみ、平地では農耕地や草地で草の種子を食べたり、公園などでケヤキやイロハモミジの種子を食べたりする。年によって大集団で渡来することもあり、とくに西日本で大群になる傾向があって、密集した集団飛行を見せることがある。翼面荷重約2kg/㎡、アスペクト比6の扇翼型の翼は、推進力を生み出す初列風切が長く、長距離飛行に適している。羽ばたき跳躍飛行する。

扇翼型	翼開長 ● 25cm	
	初列風切	9枚
	次列風切	9（6＋3）枚
	尾　羽	12枚

アトリ科

♂　♀

冬羽のオスは頭部から上面にかけて橙褐色と黒のまだら模様。喉から胸、翼の一部は橙色。メスは全体に色が淡い

161

翼を広げると白い横帯が目立つ(FK)

オス。太い嘴は、堅い種子を砕くのに適している(JT)

シメ ｜鴲｜

学　名	*Coccothraustes coccothraustes*
英　名	Hawfinch
科属名	アトリ科シメ属
全　長	18cm
季節性	冬鳥(北海道の一部では夏鳥、青森・山形では留鳥)

強力な嘴をもつ強面

北海道や東北の一部で繁殖し、本州以南には冬鳥として渡来。平地の雑木林や市街地の公園で見られる。丸々とした体型で、大きい頭と太い嘴が特徴。嘴はペンチのように強力で、30kgの力を加えることができる。嘴の内部も分厚く、滑りを止めるヤスリ目構造がある。冬期、この嘴で樹上に残ったエノキやイロハモミジの実の堅い殻を砕いて食べる。翼面荷重は約3kg/㎡とやや重めで、アスペクト比はほぼ7とやや細長い翼形である。羽ばたき跳躍飛行を行い、飛翔時には翼の白い横帯が目立つ。

扇翼型

翼開長	● 31cm
初列風切	9枚
次列風切	9(6＋3)枚
尾　羽	12枚

♂　♀

雌雄ほぼ同色。褐色、こげ茶色、ベージュなどで、翼に青や紺色の部分がある。オスは目先が黒く、メスは淡い

太くて黄色い嘴で、堅い実
を砕くことができる（JT）

イカル ｜鵤｜

学　名	*Eophona personata*
英　名	Japanese Grosbeak
科属名	アトリ科イカル属
全　長	23cm
季節性	留鳥（北海道では夏鳥）

黄色く太い嘴と澄んださえずり

山地の広葉樹林で繁殖し、冬は群れになり平
地に移動する。市街地の公園で大きな群れに
なって採食することもある。雌雄ともキコキコ
キーと澄んだ声でさえずり、ケッ、ケッとアカゲ
ラやアオゲラの声に似た地鳴きをする。サクラ
やヌルデ、ハゼノキ、エノキ、ムクノキなどの種
子やマメ科植物の果実のさやを割って食べる。
種子を嘴にくわえて回して食べやすいように処
理することから「まめまわし」の異名もある。
丸々とした体型で、重そうな羽ばたき跳躍飛行
を行い、広げた翼の白い模様が目立つ。

 扇翼型

翼開長 ● 33cm
- - - - - - - - - - - - - - - -
初列風切 ｜ 9枚
次列風切 ｜ 9（6＋3）枚
尾　羽 ｜ 12枚

雌雄同色で体上下面は灰色。
頭部は光沢のある紺色で、嘴は黄色く太い。
翼は黒く、青い部分がある

オス。数羽の群れが枝移りしながら、サクラの新芽を食べていた（JT）

ウソ ｜鷽｜

アトリ科

学　名	Pyrrhula pyrrhula
英　名	Eurasian Bullfinch
科属名	アトリ科ウソ属
全　長	16cm
季節性	留鳥

丸みのある体型と口笛のような声

ユーラシア大陸の亜寒帯に広く分布し、4亜種が日本で確認されている。よく見られるのは、本州中部以北から北海道で繁殖する亜種ウソとアムール川流域からオホーツク海沿岸で繁殖する亜種アカウソで、冬期には越冬のために南下したり、山地から平地に移動する。身近な公園で見られることもあり、木の実やサクラの花芽をついばむ。フィ、フィと口笛を吹くような声で鳴き、口笛を吹くという意味の古語、嘯（うそ）くが和名の由来。翼面荷重約2kg/㎡、アスペクト比7の翼で羽ばたき跳躍飛行する。

扇翼型

翼開長 ● 26㎝

初列風切	9枚
次列風切	9（6＋3）枚
尾　羽	12枚

オスは全体に灰色で、頭部が黒く、頬と喉は鮮やかな淡紅色。メスは赤い部分が淡く、全体に茶褐色

オス。ヒッホ ヒッホという鳴き声で存在に気づくことがある(FK)

ベニマシコ ｜紅猿子｜

学　名	*Carpodacus sibiricus*
英　名	Siberian Long-tailed Rosefinch
科属名	アトリ科オオマシコ属
全　長	14cm
季節性	冬鳥(北海道の一部と青森では留鳥)

身近で見られる赤い鳥

北海道や青森県で繁殖するが、本州以南ではおもに冬鳥として渡来する。和名のベニ(紅)もマシコ(猿子)もオスの赤い羽毛に由来する。メスは褐色。越冬地では小さな群れで過ごす。平地の湿地を好み、灌木林やヨシ原などで、セイタカアワダチソウやヨモギの種子、アキニレの実などをついばむ。冬枯れのヨシ原からヒッホ、ヒッホという鳴き声が聞こえ、その方向に本種を発見することがある。羽ばたき跳躍飛行をするが、羽ばたくときにブルブルブルという大きな羽音を出すことがある。

扇翼型

翼開長 ● 20〜21㎝	
初列風切	9枚
次列風切	9(6＋3)枚
尾　羽	12枚

アトリ科

♂　♀

オスは全体に紅色で、頭部と喉は淡紅色。翼は黒く2本の白い線がある。メスは全体に褐色で、胸に縦斑

左メス、右オス
(FK)

カワラヒワ ｜河原鶸｜

学　名	*Chloris sinica*
英　名	Oriental Greenfinch
科属名	アトリ科カワラヒワ属
全　長	15〜16cm
季節性	留鳥

扇翼型

翼開長 ● 24cm

初列風切	9枚
次列風切	9（6＋3）枚
尾　羽	12枚

翼を広げると、黄色い帯が目立つ

平地の農耕地や人家周辺、雑木林、河原などに生息する。林内のほか庭木や街路樹にも営巣し、冬枯れの街路樹に残された巣もよく見つかる。巣づくりはメスが単独で行う。もっぱら植物の種子を食べ、ひなにも食べた種子を吐き戻して与える。飛行中、翼の黄色い横帯が目立つ。繁殖期が終わると、河原など開けた草地に集団で集まり行動する習性が和名の由来となっている。冬は大陸から別亜種が飛来し越冬する。翼面荷重約2kg/㎡、アスペクト比6の翼で羽ばたき跳躍飛行を行う。

オスは頭部がオリーブ褐色で、背と胸から腹は茶色。下尾筒と風切の基部は黄色。メスは全体に淡い

2羽ともメス。冬枯れの
マツヨイグサを渡り歩き、
残った種子を採食して
いた(JT)

ベニヒワ ｜紅鶸｜

学　名	*Acanthis flammea*
英　名	Common Redpoll
科属名	アトリ科ベニヒワ属
全　長	13.5cm
季節性	冬鳥

額が赤い、人気の冬鳥

ユーラシア大陸と北アメリカ大陸の北部に分布
し、日本には冬期に北海道や東北地方北部な
どに飛来するが、その個体数は年によって大き
く変動する。渡来数が多い年には、草地や農
耕地などの開けた場所で、数十羽の群れが
ジュン、ジュンと鳴きながら集団で行動する。明
るいハンノキ林で球果をこじあけて種子を食べ
たり、雪の積もった平地に残る草の種子をつい
ばんだりする。雪上にこぼれた種子を食べる姿
も見られる。翼面荷重約2kg/㎡、アスペクト比
6の翼で羽ばたき跳躍飛行する。

扇翼型

翼開長 ● 20cm

初列風切	9枚
次列風切	9(6+3)枚
尾　羽	12枚

♂

♀

雌雄とも額が赤く、嘴は黄色で、上面は褐色の
縦斑がある。オスは喉から胸にかけて淡紅色

種子を求めてアカマツにやって
きた群れ ©中田信好

イスカ ｜ 交喙 ｜

学　名	*Loxia curvirostra*
英　名	Red Crossbill
科属名	アトリ科イスカ属
全　長	17cm
季節性	冬鳥（北海道と本州の一部では留鳥）

嘴が上下に交差している鳥

上下の嘴が左右にくい違っているこの鳥の和名
は、ねじけていることを意味する古語の㸦しに
由来する。マツなどの針葉樹の種子を好み、松
かさの鱗片を交差した嘴で広げ、種子を舌で引
き出し、食べる。北海道や本州の一部で繁殖が
確認されているが、主に冬鳥である。マツやト
ウヒ類の種子の豊富な場所を求めて遊牧的な
移動をするため、年によって渡来数が大きく変
化する。チョッ チョッと鳴き交わしながら集団で
移動する。翼面荷約3kg/㎡、アスペクト比6の
翼で羽ばたき跳躍飛翔する。

扇翼型

翼開長 ●28cm

初列風切 ｜ 9枚
次列風切 ｜ 9（6＋3）枚
尾　羽 ｜ 12枚

♂

♀

オスは全体に赤く、メスは緑色を帯びた黄色。
雌雄とも嘴が交差している

カラマツにやってきた
群れ (JT)

マヒワ ｜真鶸｜

学　名	*Spinus spinus*
英　名	Eurasian Siskin
科属名	アトリ科マヒワ属
全　長	13cm
季節性	冬鳥（北海道の一部と青森では留鳥）

群れでにぎやかに鳴く黄色い冬鳥

カワラヒワより少し小型の黄色い鳥で、おもに
冬鳥として渡来する。オスの頭上が黒いことで
雌雄を見分けられる。平地林で越冬している群
れの下を通ると、チューイン　チューインという
高い声を交えたにぎやかな声が聞こえる。樹上
では、アカマツやカラマツ、ハンノキ、イヌシデ、
アキニレなどの種子を食べる姿が見られる。樹
上に種子がなくなると、地上に降りて落ちてい
る種子をついばむ。翼面荷重 1.7kg/㎡、アス
ペクト比 6 の翼で、毎秒 13 回ほどの羽ばたき
で羽ばたき跳躍飛行する。

扇翼型	翼開長 ● 22㎝
	初列風切 ｜ 9枚
	次列風切 ｜ 9（6＋3）枚
	尾　羽 ｜ 12枚

アトリ科

オスは顔から腹までが黄色く、
背は緑を帯びる黄色。
メスは全体に淡く、胸から脇に縦斑がある

なかなか出会えない鳥だが、数十、数百の大群になることもある（JT）

ユキホオジロ ｜ 雪頬白 ｜

学　名	*Plectrophenax nivalis*
英　名	Snow Bunting
科属名	ツメナガホオジロ科ユキホオジロ属
全　長	16～17cm
季節性	冬鳥

扇翼型

 翼開長 ● 30cm

初列風切	9枚
次列風切	9（6＋3）枚
尾　羽	12枚

北極圏から飛来する白い鳥

ユーラシア大陸、北アメリカ大陸の北極圏のツンドラで繁殖し、中緯度地方で越冬する。日本では北海道で越冬するが、年によって個体数に変動がある。本州や九州でも越冬個体が少数見られ、とくに日本海側で観察例が多い。繁殖地では岩の割れ目などに営巣するが、人工構造物や巣箱も利用する。ウォーキングで移動しながら草の種子をつまみとって食べ、あまりホッピングはしない。飛行パターンは羽ばたき跳躍飛行だが、ホオジロ科の中でも比較的細長い翼をもち、しばしば長い距離を滑空する。

雌雄ほぼ同色。全身が白く、背に黒い縦斑があり、頭頂や耳羽に褐色斑がある

飛翔するメス。雌雄とも飛翔時には腰から上尾筒にかけての赤みが目立つ（JT）

草原で丈の高い草から草に移動し、さえずるオス（FK）

ホオジロ ｜頬白｜

学　名	Emberiza cioides
英　名	Meadow Bunting
科属名	ホオジロ科ホオジロ属
全　長	17cm
季節性	留鳥

高く目立つ位置でさえずる

屋久島以北の全国に留鳥として分布する。生息地は平地から山地の森林までと広く、日本で最も生息範囲が広い鳥の一つである。繁殖期のオスは、なわばり内の目立つ場所でさかんにさえずる。雌雄でやぶの中にお椀状の巣をつくり、抱卵はメスが行う。繁殖が終わった秋に、オスは翌年のなわばり獲得を有利にするためさえずることが知られている。おもに草の種子を食べるが、子育ての時期には昆虫やクモも食べる。翼面荷重約2kg/㎡、アスペクト比5の翼で羽ばたき跳躍飛翔する。

扇翼型	翼開長 ● 24cm
	初列風切 ｜ 9枚
	次列風切 ｜ 9（6＋3）枚
	尾　羽 ｜ 12枚

♂　♀

オスは顔が白く、過眼線と頬は黒い。メスはオスの白い部分が黄みがかり、黒い部分が褐色。雌雄とも上面は縦斑があり、下面は茶褐色

飛んでいる虫をフライングキャッチすることもある（FK）

オスの飛翔。眉斑と喉の鮮やかな
黄色が目立つ（FK）

ミヤマホオジロ ｜深山頬白｜

学　名	*Emberiza elegans*
英　名	Yellow-throated Bunting
科属名	ホオジロ科ホオジロ属
全　長	16cm
季節性	冬鳥（壱岐・対馬では留鳥）

扇翼型

翼開長 ● 22 ㎝	
初列風切	9枚
次列風切	9（6＋3）枚
尾　羽	12枚

東では少なく、西に多い

ロシア南東部や中国北東部と南西部、朝鮮半島で繁殖し、冬は中国南東部や台湾、日本に渡る。冬鳥として日本全国で見られるが、東日本では少なく、西日本に多い。なお隠岐と対馬では繁殖し、一年中見られる。また、広島県や島根県の山間部でも繁殖が確認されている。オス・メスとも冠羽があるのが特徴。オスは黄色い喉・眉斑・後頭と黒い目先・頭頂・頬・耳羽・胸のコントラストが目立つ。冬期は小群で行動し、平地の林や林縁、草地、農耕地の地上でおもに草の実を食べる。

♂

♀

雌雄とも冠羽があり、オスは眉斑と喉が
あざやかな黄色。胸に黒い三角斑がある。
メスは黄色が淡く、三角斑がない

停空飛翔して枝先の
水滴を飲むオス(FK)

ジッと鳴きながら飛
び、やぶからやぶへ
移動するメス(FK)

アオジ ｜青鵐｜

学　名	*Emberiza personata*
英　名	Masked Bunting
科属名	ホオジロ科ホオジロ属
全　長	16 cm
季節性	留鳥（北海道と本州北部の一部では夏鳥）

やぶを好み、地鳴きしながら地上で行動する

本州中部以北の高原や山地林で、北海道では平地の草原や河川敷で繁殖する。冬期は本州以南の平地に移動し、公園や農耕地、雑木林、ヨシ原などで過ごす。越冬個体群には国外から南下して来た個体も加わる。数羽の小さな群れで行動し、地上でホッピングしながら、草の種子や昆虫、クモをついばむ。やぶを好み、危険を感じるとヂッと鳴いてすぐやぶの中に身を隠す。春、繁殖地への移動前には樹上でさえずり始める。翼面荷重約2kg/㎡、アスペクト比5の翼で羽ばたき、跳躍飛行する。

扇翼型	翼開長 ● 22 ㎝
	初列風切 ｜ 9枚
	次列風切 ｜ 9（6＋3）枚
	尾　羽 ｜ 12枚

♂ ♀

オスは頭部が黒みのある緑色で、目先が黒い。
下面は黄色く、黒い縦斑がある。上面は褐色で、
黒い縦斑がある。メスは頭部が褐色で黄色い斑がある。
下面の黄色みがオスよりも淡い

冬の澄み切った青空を背景に飛翔する（FK）

冬のヨシ原では数羽で行動し、ヨシの皮を剥いで中の虫を採食する（FK）

オオジュリン ｜大寿林｜

学　名	*Emberiza schoeniclus*
英　名	Common Reed Bunting
科属名	ホオジロ科ホオジロ属
全　長	16cm
季節性	冬鳥（北海道と本州北部では夏鳥）

冬のヨシ原で聞こえるパチパチ音

北海道と東北の一部で繁殖し、冬期は全国のヨシ原に渡来する。サハリンやカムチャッカで繁殖する個体も飛来し、一緒に越冬する。冬は数羽から十数羽の群れで行動し、枯れたヨシの茎にとまり、嘴で葉鞘を剥ぎとり、中に潜むカイガラムシのなかまをおもに食べる。ヨシ原からチューンという声やパチパチという葉鞘を剥ぐ音が聞こえてきたら、本種が群れて採食している姿が見られる。植物の種子も食べる。翼面荷重1.75kg/㎡、アスペクト比6の翼で羽ばたき跳躍飛行する。

扇翼型

翼開長 ● 25㎝

初列風切	9枚
次列風切	9（6＋3）枚
尾　羽	12枚

冬　夏

冬羽は雌雄ほぼ同色。頭部は黄白色の眉斑が目立ち、体下面は淡い褐色みのある白で、上面は茶褐色で黒い縦斑がある。夏羽のオスは頭部が黒くなる

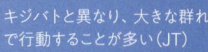

キジバトと異なり、大きな群れで行動することが多い（JT）

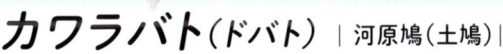

カワラバト（ドバト）｜河原鳩（土鳩）｜

学　名	*Columba livia*
英　名	Rock Dove
科属名	ハト科カワラバト属
全　長	33cm
季節性	留鳥、外来種

尖翼中腕型

外来種

翼開長 ● 60㎝	
初列風切	10枚
次列風切	12枚
尾　羽	12枚

駅や広場、公園や社寺で見かけるハト

アフリカ北部から中東、中国に分布しているカワラバトを飼育し、作出した品種が再び野生化したものを日本ではドバトと呼んでいる。飼育の歴史は紀元前3000年以前のエジプトに始まる。カワラバト本来の帰巣能力や飛行能力の高さを利用した伝書鳩も作出された。日本では大和・飛鳥時代に渡来した記録が残る。現在、野生化したドバトが、市街地の公園などで群れ飛ぶ光景がよく見られる。体重の約3割を占める強力な胸筋と抵抗の少ない尖翼により、高速の羽ばたき飛行が可能である。

品種改良で羽色はさまざま。
原種に近い色は全体に青灰色で、
喉から胸にかけて緑色と紫色の光沢がある

非繁殖期、日中は小さな群れ
で飛び回り、夕方には群れが
合流して大きな群れとなり、
ねぐらへ向かう（JT）

キャラ キャラとけた
たましく鳴きながら、
高速で飛ぶ（JT）

ホンセイインコ ｜本青鸚哥｜

学　名	Psittacula krameri
英　名	Rose-ringed Parakeet
科属名	インコ科ダルマインコ属
全　長	40cm
季節性	留鳥、外来種

尖翼
短腕型

翼開長 ● 42〜48㎝

初列風切	9枚
次列風切	12枚
尾　羽	12枚

市街地を飛び回る緑色のインコ

1960年代にペットとして持ち込まれたものが逸
出し、1969年頃から東京都内で野生化し始め
た。ペットブームに対応して一時全国各地で見
られたが、現在群れが見られるのは関東に限ら
れる。市街地のケヤキの樹洞などで繁殖し、夜
間は集団でねぐらをとる。キィーキュルと高い声
で鳴き交わしなが集団で飛行する。抵抗の少な
い尖翼短腕型の翼を羽ばたかせ、飛行速度は
速い。本種には4亜種知られているが、日本に
移入されたのは、インドやパキスタン、スリラン
カに分布する亜種ワカケホンセイインコである。

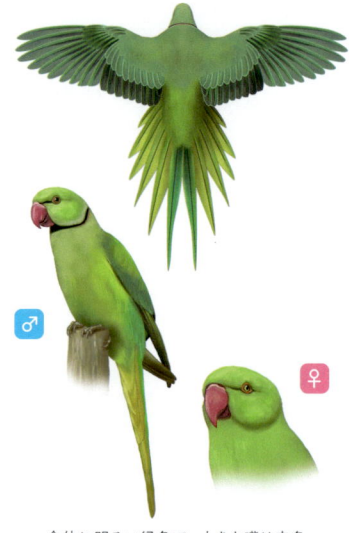

♂

♀

全体に明るい緑色で、大きな嘴は赤色。
亜種ワカケホンセイインコのオスは喉に
リング状の黒い模様があり、後頭では桃色

落ちているどんぐりを
くわえ、やぶの中へ飛
び去った（FK）

ガビチョウ ｜画眉鳥｜

学　名	*Garrulax canorus*
英　名	Chinese Hwamei
科属名	ソウシチョウ科ガビチョウ属
全　長	25cm
季節性	留鳥、外来種

長々と調子よくさえずる外来鳥

中国南部、東南アジア北部に分布する。ペット
として移入されたものが逸出し、1980年代に
北九州で記録されたのを皮切りに、1990年に
は山梨県で確認、その後関東一円から宮城県
南部まで分布が拡大している。やぶを好み、在
来種との競合が懸念されている。季節を問わず
大きな声で長くさえずり、ほかの鳥の鳴き声も
まねる。円翼短腕型の翼は長距離飛行には適
さないが、混み合ったやぶの中で、枝から枝へ
頻繁に飛び移るような活動に適している。同様
な環境で生活するウグイスの翼型に似ている。

円翼 短腕型	翼開長 ● 28㎝
	初列風切 ｜ 10 枚
	次列風切 ｜ 9（6＋3）枚
	尾　羽 ｜ 12 枚

外来種

雌雄同色で、ほぼ全身が赤みのある茶褐色。
目の周囲と後方に伸びる白い線が目立つ

いろいろな飛行速度

ツグミ（FK）

　羽ばたき飛行している鳥の飛行速度と必要な出力には一定の関係があり、このルールの中で効率のよい速度を選んで飛びます。出力というのは、単位時間当たりの仕事量のことでパワーともいいます。地上の歩行では速度0のとき、つまり立ち止まっているときの出力は0ですが、飛行では速度が0でも体を浮かせたままにするための揚力を生み出す出力が必要です。揚力は、速度の二乗に比例して増加するため、速度を上げることで出力を抑えることができます。しかし、一定の速度を超えると翼が受ける抵抗が増え、これに打ち勝つための出力が必要になります。この結果、飛行速度と必要な出力との関係はU字カーブのグラフで表すことができます。

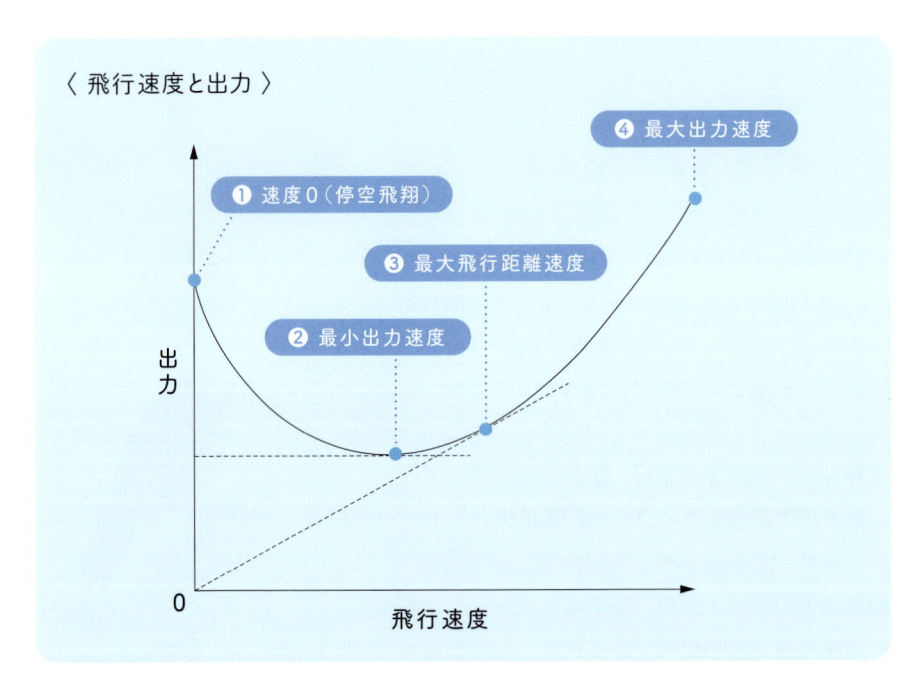

〈 飛行速度と出力 〉

❹ 最大出力速度

❶ 速度0（停空飛翔）

❸ 最大飛行距離速度

❷ 最小出力速度

出力

0　　飛行速度

❶ 速度0（停空飛翔）

　速度0で空中の同じ位置に浮いている状態です。羽ばたいて初列風切が生む推進力だけで浮上しなければならず、次列風切が風を受けて生み出す揚力を利用することができないため、大きな出力を必要とします。花の蜜を吸うハチドリのなかまや枝先で採食する小鳥、水中の獲物に狙いを定めるカワセミなどに見られる停空飛翔がこれに当たります。

❷ 最小出力速度

　最小出力で最も長い時間空中にとどまることができる速度です。猛禽類がゆっくり羽ばたきながら探索飛行するときや、速度0で飛び上がるパワーをもたない大型の鳥が助走をつけて飛び立つときの速度です（獲物を探すコミミズク）。

❸ 最大飛行距離速度

　一定のエネルギーで最も遠くまで移動できる巡航速度のことです。渡りなど長距離移動のときの速度です（羽ばたき飛行で渡るオオハクチョウ）。

❹ 最大出力速度

　最大出力で出すことのできる限界速度です。天敵から逃れたり獲物を捕らえるための追跡などがこれに当たります（高速で飛行するシメ）。

飛ぶ鳥のパワーと飛行特性

チョウゲンボウ（FK）

飛行速度と飛行に必要な出力の関係をグラフに表すと、p.178のようにU字カーブを描きますが、鳥の種類によって出力の限界が異なります。飛行パターンやサイズの異なる種の最大出力と持続可能な出力を重ねてみると、飛び方の特性がわかります。

1 ハチドリのなかま

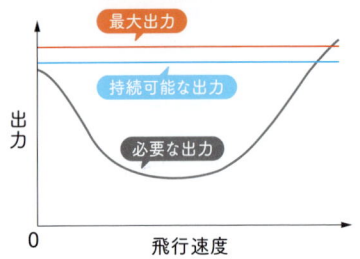

アメリカ大陸に生息するハチドリのなかまは、体重が2〜20gの小型の鳥です。速度0の飛行に必要な出力以上の、持続可能な出力を出すことができるので、長時間停空飛翔することができます（p.184で詳しく解説）。

2 カワラバト

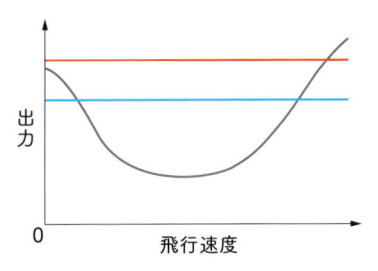

中央アジアやアフリカに生息するカワラバト（ドバトの原種）は、300〜400gの中型の鳥です。速度0の飛行に必要な出力以上の最大出力を出すことができますが、持続可能な出力までは出せません。したがって、一時的に停空飛翔することはできても、持続することはできません。

3 コシジロハゲワシ

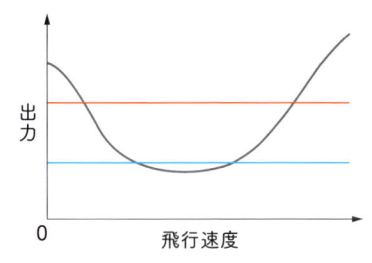

4 カリフォルニアコンドル

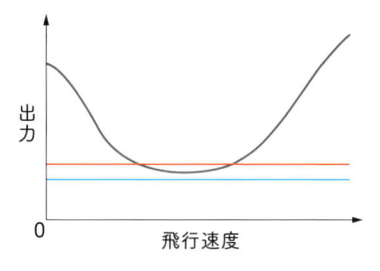

アフリカに生息するコシジロハゲワシは体重5.5kgのやや大型の鳥です。速度0の飛行で必要な出力より最大出力が小さいので、自力の羽ばたきだけでは停空飛翔することも、飛び立つこともできません。風に向かって羽ばたきながら助走をつけたり、高所から飛び降りることで、飛行に必要な出力が最大出力以下になるまで速度を上げて初めて、飛び立つことができます。しかしいったん上空に舞い上がることができれば、飛行に必要な出力が持続可能な出力以下の速度の範囲内で、羽ばたき飛行し続ける能力があります。

北アメリカに生息するカリフォルニアコンドルは、体重8.5kgの大型の鳥です。コシジロハゲワシと同じように、速度0の飛行で必要な出力よりも最大出力が小さいので、自力の羽ばたきでは停空飛翔することはおろか、地上から飛び立つことすらできません。加えて持続可能な出力も飛行に必要な最小出力以下なので、羽ばたき飛行だけで長時間飛び続けることもできません。しかし、コシジロハゲワシと同じように風に向かって羽ばたいて助走したり、高所から飛び出すことで初速を得て、地上から飛び上がることができます。また、上空では熱上昇気流や斜面を噴き上げる風の力を利用して、何時間も帆翔することができます。

飛行機と鳥の翼を
比べてみれば

－ 安全に離着陸するための高揚力装置 －

モズ(JT)

飛行機の操縦で最も危険なのは離陸と着陸のときで、航空業界では「魔の11分」と呼ばれています。国際民間航空機関の統計では、離陸後の3分間と着陸前の8分間に事故の7割が発生しているからです。その背景には、離着陸時は低速度で飛行しなければならず、十分な揚力を得るのが難しいことがあります。

飛行のために必要な揚力は、翼面積と速度の二乗に比例します。高速で安定して飛行している飛行機でも、飛行速度が遅いと急に揚力を失い、失速する危険が高まります。そこで、低速時に揚力を維持するための装置が必要です。

〈 飛行機制御装置 〉

翼上の制御装置の動き

ラダー 機体の左右のぶれを調整する

④エレベーター 機首の上げ下げを調整する

①③フラップ スライドさせて翼面積とキャンバーを増加する

エルロン 上下させて左右の傾きを調整する

②スラット 前方にスライドさせて翼前縁に隙間を作り翼上面の乱流を吹き飛ばす

スポイラー これを立てて抵抗を大きくし、ブレーキをかける

ウイングレット 翼端渦を小さくして誘導抵抗を小さくする

揚力を増すための方法は、①翼面積を増やすこと、②失速の原因となる翼上面の乱流を消すこと、③キャンバー(弧を描く翼の断面の曲げ具合)を増やすこと、④機首を上げて翼の迎角を大きくすることです。飛行機にはこうした装置が備わっています。
①翼面積を増やす装置はフラップです。翼に組み込まれていて離着陸のときに広げて翼面積を増やします。②翼上面の気流を整える装置がスラットです。低速時に前方にせり出して隙間風を作り、翼上面の乱流を吹き飛ばします。③フラップの角度を変えることでキャンバーも変化します。④の機首の上げ下げは水平尾翼のエレベーターを操作します。

空飛ぶ鳥も飛行機と同じく、離着陸時の揚力低下を解決しなければなりません。飛行機が制御装置で解決している問題を、鳥はどのように処理しているのか比べてみましょう。

〈 トビの高揚力装置 〉

反り上がった裂翼の翼端
飛行機のウイングレットと同様に翼端渦の影響を低減し、揚力アップ

手首
肘
④肩
関節の屈伸で翼面積を調整 ①

キャンバー
翼膜腱の張り具合でキャンバーを調整

③翼膜腱（よくまくけん）

尾羽
舵取り、ブレーキ、揚力発生

〈 小翼羽を広げて着地に備えるダイサギ 〉

②小翼羽
●翼前縁に隙間を作り、翼上面の乱流を吹き飛ばし、揚力を保つ
●翼の仰角を大きくして速度を落とし、着地に備える。翼の内側上面には乱流が生じて失速寸前。

小翼羽

鳥の翼は、肩・肘・手首の各関節でつながった可変翼なので、関節を屈伸することで①の翼面積の調整は簡単にできます。②のスラットに相当するしくみとして小翼羽が知られています。人の親指に当たる部分に付いた羽毛で、これを開いて失速を誘発する乱流を吹き飛ばします。鳥の分離した翼端も翼端渦の影響を小さくして揚力を維持する装置として機能します。③のキャンバーの調整は、肩から手首に伸びる伸縮自在な翼膜腱を使って調整できます。④の翼の迎角は、翼の肩関節を回転させることで調整できます。また、飛行機のウイングレットに当たる部分は、帆翔する大形の鳥の翼端に見られます。スポイラーに当たる機能としては、尾羽を広げたり、水かきのある鳥では足指を広げてブレーキをかけます。

停空飛翔の
達人
−ハチドリ−

エンビモリハチドリ

「空飛ぶ宝石」と形容されるハチドリのなかまは、南北アメリカ大陸を中心に約360種近く生息しています。その特徴は、七色に輝く羽毛に加え、ヘリコプターのように空中の一点にピタリととどまることができる停空飛翔（ホバリング）の能力です。羽ばたきの速さは、20gほどの大型の種で1秒間に15回、2gほどの小型の種で1秒間に60回に達し昆虫のハチの羽音に似た羽ばたき音を出します。ハチドリという和名もハミングバード（Hummingbird）という英名も羽ばたき音に由来しています。

カワセミやチョウゲンボウ、ミサゴ、そして多くの小鳥も停空飛翔しますが、いずれも揚力を得るのは翼の打ち下ろしだけで、打ち上げでは翼をたたんで空気抵抗をできるだけ減らしています。一方、ハチドリのなかまの停空飛翔では、体を起こして翼を水平に羽ばたきます（右頁図）。打ち下ろしのときには翼下面を下向きに、打ち上げの戻しのストロークでは、翼を返して上面を下向きにします。これにより、打ち上げのときでも揚力を得ることができます。打ち下ろしと打ち上げで同じ翼の動きをする停空飛翔は、ハチドリのなかまだけに見られる飛行方法で、対称ホバリングと呼ばれています。

チョウゲンボウ（FK）

カワセミ（FK）

〈 ホバリングの違い 〉

ハチドリ
［対称ホバリング］

打ち下ろし

打ち上げ

翼上面を
下向きにする

ジョウビタキ
［非対称ホバリング］

打ち下ろし

打ち上げ

翼をたたんで
空気抵抗を
減らす

　このようにハチドリのなかまが効率のよい停空飛翔ができるのは、短腕型の翼（p.21参照）なので肩への負担が少ないこと、翼の打ち上げに使われる小胸筋の重量が55％と大きく（スズメで11％、ノスリで6％）、翼の打ち上げでも揚力を得られることなど、停空飛翔に適した体のつくりになっているからです。

　かつて、ヘリコプターの飛行理論を使ってホバリングする鳥や昆虫の揚力を計算したところ、重量の1/3の揚力しか得られず、飛べないことになってしまいました。このパラドックスは、近年ようやく高速度カメラや流体の可視化技術の発達により解消しました。高速で前後に動かす翼の前縁に生じる気流の渦によっても、揚力が得られることがわかったからです。新たに発見された翼周りの気流の渦と揚力に関する知見は、小型で安定したドローンの開発など、バイオミメティクス（生物模倣）の分野でも注目されています。

チュウジシギ（FK）

達人がひもとく
飛翔写真
撮影術

　思わず見惚れてしまう、鳥たちの華麗な飛翔写真。眺めるだけでも楽しめますが、自分で撮影できれば、楽しさ倍増です。とまっている鳥の撮影に比べて難易度は高いですが、だからこそ成功したときの喜びはひとしお。でも、どのようにすれば見事な飛翔写真が撮れるのか、わからないという方は少なくないはず。そこで、飛翔写真の達人が撮影の極意をお伝えしましょう。

飛翔撮影の機材

〈 **ボディ** 〉フルサイズセンサーのミラーレスカメラが適しています。秒間20コマ以上の高速連写ができ、鳥認識のAFが備えられている機種がベスト。飛翔写真はトリミングが前提になるので、高画素機のほうが有利です。センサーサイズが小さなカメラでは画角が狭くなり、鳥を画面内に捉え続けるのが難しくなります。フルサイズセンサーであれば画角が広めなので、鳥との距離が近ければフルサイズ、遠めならクロップ、と画角を切り替えられ、画面に占める鳥の大きさを調節して撮影に挑むことができます。できるだけ軽量な機種が好ましいです。

〈 **レンズ** 〉とまっている鳥の撮影と同じように、500mmか600mmの超望遠レンズが標準的。また、鳥との距離が近い場合に使い勝手がよいのは、100-400mmの超望遠ズームレンズ。飛翔撮影では高速

シャッターが絶対条件なので、大口径の明るい（f値が小さい）レンズが有利ですが、重くなるので三脚が必要になります。大型の鳥やワシタカ類を待ち構えて撮るなら、それでもよいのですが、小鳥の飛翔を撮影するなら手持ち撮影でなければ困難です。歩き回って被写体を探したり、そっと近づいたりすることを考えても、400mm/f4.5～5.6、500mm/f5.6や600mm/f6.3クラスの軽量なレンズが適しています。

1/250秒で撮影(センダイムシクイ)

1/4000秒で撮影(オオヨシキリ)

撮影設定

〈 **シャッタースピードと感度** 〉シャッタースピード最優先で設定を決めます。比較的動きや羽ばたきがゆっくりなサギやワシタカ類では1/2000秒、高速で羽ばたく小鳥たちを写し止めるには、1/4000秒で撮影します。このような高速シャッターで撮るため、特別な表現意図がない限り、絞りは開放に設定します。そして、感度(ISO)を変えて露出を調整します。現像ソフトでノイズを消すために、ファイル形式はRAWで撮影します。

今のミラーレスカメラはある程度の高感度でもノイズがあまり目立たないほど、性能が上がっています。機種にもよりますが、ISO800くらいまではノイズが目立ちません。後述の現像ソフトを活用することで、ISO1600～6400くらいまでを常用域として使うことができます。

季節や周囲の環境によって多少変動しますが、筆者の撮影設定では、晴天の順光なら絞りf6.3開放、ISO1600、シャッタースピード1/4000秒でほぼ適正露出が得られます。太陽が雲に隠れれば、ISO3200～6400に感度を上げて露出を調整します。

〈 **撮影設定の切り替え** 〉とまっている鳥を撮る設定では、ノイズのない滑らかな画像を得るため、感度を低めに設定します。シャッタースピードが遅くなるので、飛翔撮影には対応できません。でもフィールドでの撮影では、とまっている鳥を撮りたい場面、飛翔を撮影したい場面が刻々と変わるので、その都度シャッタースピードや感度を変えていては、せっかくのチャンス

に即応できません。そこで、とまっている鳥撮影、飛翔撮影それぞれの設定をカメラに登録しておき、状況を見ながら瞬時に切り替えて撮影するのがお勧めです。筆者はとまりと飛翔の設定に、さらに画角の変更も組み合わせ、フルサイズでのとまり、飛翔、クロップでのとまり、飛翔の4通りの撮影設定をカメラに登録し、状況に応じて切り替えながら撮影しています。

SHOOT A	SHOOT B	SHOOT C	SHOOT D
飛翔撮影	飛翔撮影	とまり撮影	とまり撮影
● F6.3	● F6.3	● F6.3	● F6.3
● 1/4000	● 1/4000	● 1/500	● 1/500
● ISO1600	● ISO1600	● ISO200	● ISO200
● フルサイズ	● クロップ	● フルサイズ	● クロップ

撮影方法

〈 飛翔撮影向きの環境を選ぶ 〉飛翔撮影には、できるだけ開けた環境が向いています。林の中は暗いので、シャッタースピードを上げられませんし、茂った環境では鳥認識AFが被写体をなかなか検出してくれません。河川敷や草原、林縁など開けた環境で鳥を探し、飛翔を狙えそうな鳥を見つけます。撮影設定はフルサイズの飛翔撮影（高速シャッター）設定にしておき、不意に鳥が飛んできても即応できるようにしておきます。

〈 撮り方 〉まずは開けた場所で、木や人工物にとまっている鳥を見つけ、飛び立つ瞬間を撮るところから始めましょう。カメラの設定を飛翔撮影にし、これから飛ぶと思われる鳥にピントを合わせ、シャッターボタンを半押ししながら、飛ぶのを待ちます。鳥が飛ぶのと同時にシャッターを切りましょう。最初は飛び立つ瞬間だけでよいですが、脚が伸びた「離陸」だけでなく、飛行中の姿を捉えたいと思うようになるでしょう。

慣れてきたら飛び立ちの後の鳥の動きを追ってみましょう。鳥が飛び立つのと同時に連写しながら、鳥が飛んだ方向にレンズを振って、撮影画面の中に鳥をできるだけ長く入れ続けます。鳥を画面内に収め、鳥認識AFが被写体を検出してくれれば、見事な飛翔写真が撮れているはずです。

撮影時には、被写体との距離をある程度取ることが重要です。鳥が近すぎると、飛び立った被写体を画面内に収め続けるのが困難になるからです。一方、鳥と離れすぎると、画面内に鳥を入れ続けやすくなりますが、鳥認識AFが被写体を検出しにくくなります。

飛び立つ瞬間（ゴジュウカラ）

同じ場面でレンズを振って捉えたカット

〈 観察力が撮影力に 〉慣れないうちは、飛び立ちへの反応が遅れ、思うように撮影できないでしょう。また、飛ぶのを見てからシャッターを押しても手遅れになります。被写体が飛ぶ前のしぐさや動きを、ファインダーでよく観察しましょう。猛禽類はフンをしたあとに飛ぶことが多いので、備えておくことができます。虫を探して枝の上を移動していた鳥が、枝の先端までいけば、次の枝に飛び移るはずです。また、木を登っていたキツツキが動きを止めて振り返れば、直後に、見ている方向へ飛ぶことが予想されます。このように、鳥の動きや流れをよく観察することで、次の展開を読みながら鳥の動きに反応できると、シャッターを押すタイミングが合いやすくなります。また、小鳥はとくに素早いのでシャッターを押すのが遅れがちですが、飛ぶ前の一瞬に、脚を曲げて姿勢を低くするようなしぐさを見せることがあります。こうしたしぐさを見た瞬間にシャッターを押せば、捉えられる機会が増えます。スポーツや武道と同じで、相手のしぐさと動きをよく観察することが大切なのです。

〈 作品に仕上げる 〉RAWで撮影した写真は、Adobe Lightroomなどの現像ソフト、Photoshopなどの画像処理ソフトで現像して作品として仕上げます。高感度で撮影した写真を現像する際、トリミングで構図を整え、露出や色の調整を終えたところで、「ノイズ削除」機能を使うと、高感度で撮影したデータならではのノイズが、驚くほどきれいに消えます。ただし、画像調整やノイズ削除の最適な調整値は、撮影データによって変わります。あまり過剰にかけすぎると、羽毛の質感がのっぺりしたり、画像が破綻したりするので、さじ加減に注意しましょう。

ISO3200で撮影、ノイズ未処理（カワセミ）

同一カットをノイズ処理したデータ

　撮影から作品仕上げまでの一連の流れを覚えたら、あらゆる鳥を対象に飛翔撮影を楽しみましょう。いつものスズメやヒヨドリだって、飛翔撮影となれば撮り応えのある魅力的な被写体です。被写体は無限大！ ぜひ見る人を驚かせるような決定的瞬間をモノにしてください。

おわりに

塩見こずえ博士には、鳥類各種の翼のアスペクト比や翼面荷重を算出するための参考文献を紹介していただきました。鳥類標識調査員の望月通人氏には、オオセッカの計測値を利用させていただきました。我孫子市鳥の博物館には、標本の閲覧および出版物のイラスト・写真の利用を許可していただきました。深く感謝いたします。(齊藤安行)

イラスト作画や写真の選定・現像には膨大な時間を要しましたが、齊藤安行さんに確認していただき、安心して楽しく作業できました。文一総合出版の髙野丈さんには企画段階から全面的に支えていただきました。今後は未掲載種の撮影に挑戦したいと思います。(小堀文彦)

〈 参考文献 〉

我孫子市鳥の博物館 (1998) 企画展ガイド鳥の形とくらしIII-つばさと飛行-. 我孫子市鳥の博物館, 我孫子市.

Alexander RM (1992) Exploring Biomechanics. Scientific American Library, New York.

東　昭 (1979) 生物の飛行. 講談社, 東京.

東　昭 (1982) 翼のはたらき. 野鳥 425 : 12-15.

Bruderer B & Boldt A (2001) Flight characteristics of birds: I. radar measurements of speeds. Ibis 143: 178-2-4.

Bruderer B, Peter D, Boldt A, & Liechti F (2010) Wing-beat characteristics of birds recorded with tracking radar and cine camera. Ibis 152(2): 272-291.

Campbell B & Lack E (1985) Dictionary of birds. T & AD Poyser, Staffordshire.

Chantler P & Driessens G (1995) Swift. Pica press, East Sussex.

Cinn HB & Melville DS (1983) Moult in birds. BTO Guide 19. BTO, Hertfordshire.

Crandell KE & Tobalske BW (2015) Kinematics and aerodynamics of avian upstrokes during slow flight. The Journal of Experimental Biology 218: 2518-2527.

Dunning JB (1993) Avian body masses. CRC Press, Florida.

Featherbase. Featherbase info-reserch and education. (on line) https://www.featherbase.info/jp/home. accessed 2024-07-12.

Gill FB (2007) Ornithology. W. H. Freeman and Company, NewYork(フランク・B・ギル 山階鳥類研究所(訳) (2009) 鳥類学. 新樹社, 東京)

榎本桂樹 (2024) 復刻版野鳥便覧(日本野鳥の会大阪支部(編)),日本野鳥の会大阪支部, 大阪.

五百澤日丸・山形則男 (2014) 新訂日本の鳥550 山野の鳥. 文一総合出版, 東京.

風間辰雄・土田崇重 (2018) 日本産鳥308種と外国産鳥類201種の尾羽の枚数について.鳥類標識誌30: 80-106.

菊池デイル万次郎 (2022) 生物としてのバイオメカニクス. 日本生態学会誌 72 : 55-62.

吉良幸世 (1962) 鳥の飛行I-V. 野鳥27(1-5).

吉良幸世 (2000) 自然はともだち. 自由学園出版局, 東京.

桐原政志 (2009) 日本の鳥550 水辺の鳥 増補改定版. 文一総合出版, 東京.

国立環境研究所 (2024) 侵入生物データベース (鳥類) 国立環境研究所. (オンライン) https://www.nies.go.jp/biodiversity/invasive/DB/toc2_birds.html, 参照2024-7-12.

黒田長久 (1984) 2. 鳥類飛翔学―翼型. 森岡弘之・中村登流・樋口広芳 (編) 現代の鳥類学: 22-61. 朝倉書店, 東京.

Kuroda N (1993) Morpho-anatomy of the Okinawa Rail Rallus okinawae. J. Yamashina Inst. Ornithol. 25: 12-27.

Lee, S., Kim, J., Park, H., Jabłoński, P. G. & Choi, H. (2015) The function of the alula in avian flight. Scientic Reports5: 9914. https://doi: 10.1038/srep09914

Lovette IJ & Fitzpatrick JW (2016) Handbook of bird biology. Wiley, West Sussex.

三上かつら (2016) リュウキュウサンショウクイ最前線2016. バードリサーチニュース2016年3月. (オンライン) https://db3.bird-research.jp/news/201603-no1, 参照2024-7-12.

MøllerAP (1991) Influence of wing and tail morphology on the duration of song flight in skylarks. Behavioral Ecology and Sociobiology 28 : 309–314.

中村登流・中村雅彦 (1995) 原色日本野鳥生態図鑑＜陸鳥編＞. 保育社, 大阪.

中村登流・中村雅彦 (1995) 原色日本野鳥生態図鑑＜水鳥編＞. 保育社, 大阪.

日本鳥類標識協会 (2008) 日本産鳥類の測定値 (第 1 回報告). 日本鳥類標識協会誌20(2): 98-106.

日本鳥学会目録編集委員会 (2012) 日本鳥類網録改訂第7版. 日本鳥学会, 大阪.

日本鳥学会目録編集委員会 (2024) 日本鳥類網録改訂第8版原案. 日本鳥学会 (オンライン) https://ornithology.jp/iinkai/mokuroku/index.html , 参照2024-7-12.

Pennycuick CJ (1968) Power requirements for horizontal flight in the pigeon Columba livia. Journal of Experimental Biology 49 : 527-555.

Rayner JMV (1999) Estmating power curves of flying vertebrates. Journal of experimental Biology 202: 3449-3461.

齊藤安行 (2008) 鳥の翼と飛行の関係. Birder 22(8): 36-39.

Shiomi K, Tatani M, Kikuchi DM (2024) BirdWingData: wingspan and wing area data of birds compiled from multiple literature sources and original measurements. Ecological Research. DOI: 10.1111/1440-1703.12502. https://doi.org/10.1111/1440-1703.12502

Shiomi, K., Tatani, M., Kikuchi, D.M. (2024) Data from: BirdWingData: wingspan and wing area data of birds compiled from multiple literature sources and original measurements. figshare, DOI: 10.6084/m9.figshare.23537892. https://doi.org/10.6084/m9.figshare.23537892.v2

塩見こずえ (2019) ペンギンの潜水能力のひみつ. 遺伝73(1): 46-52.

Swaddle JP. & Lockwood R (2003) Wingtip shape and flight performance in the Europian Starling Strunus vulgaris. Ibis 145(3): 457-464.

高田勝・叶地内拓哉 (2008) 野鳥の羽. 文一総合出版, 東京.

Tennekes H (1992) The simole science of flight. MIT Press, Cambridge (ヘンク・ケネス 高橋健次(訳) (1999) 鳥と飛行機どこがちがうか-飛行の科学入門-. 相思社, 東京)

Tobalske BW (2016) Avian flight. Handbook of Bird Biology. 149-167. Wiley, West Sussex.

Van Oorschot BK, Tang HK & Tobalske BW (2017) Phylogenetics and ecomorphology of emarginate primary feathers. Morphology 278(7) : 936-947.

吉井正 (2005) 世界鳥名事典. 三省堂, 東京.

齊藤安行（さいとう・やすゆき）

昭和63年4月から令和4年3月まで我孫子市鳥の博物館に学芸員として勤務。鳥の形態と機能に興味があり「鳥の形とくらし」に関連した企画展やガイドブック作成を担当。最近は、CTスキャンによる3Dデータを使った骨格の動きの解析や気流の可視化技術を使った飛行メカニズムの解明の進展を楽しみにしている。鳥の形態記録や飛行シーンの観察からこれに貢献できればと考えている。

小堀文彦（こぼり・ふみひこ）

1962年生まれ。自然の命の瞬間を捉えることを愛するフォトグラファー・イラストレーター。とくに、野鳥や昆虫の飛翔シーンの撮影に情熱を注ぎ、その美しい瞬間をカメラに収めることに魅了されている。写真やイラストを通じて、自然の繊細な動きと壮大な瞬間を多くの人々に伝えることを目指している。
SSP（日本自然科学写真協会）会員
埼玉昆虫談話会会員

解説	齊藤安行
写真・イラスト	小堀文彦
写真	髙野丈
写真提供	岩田光二／大場弘之／加藤恵美子／北川譲／櫻庭一憲／佐藤圭／清水哲朗／中田信好／長谷野乃子／福田俊司／宮内宗徳／吉村正則／PIXTA
協力	塩見こずえ／望月通人／我孫子市 鳥の博物館／兵庫県立 人と自然の博物館
ブックデザイン	西田美千子
編集	髙野丈

華麗なる野鳥飛翔図鑑

2024年11月30日　初版第1刷発行

発行者　斉藤 博
発行所　株式会社 文一総合出版
　　　　〒102-0074　東京都千代田区九段南3-2-5 ハトヤ九段ビル4F
　　　　TEL 03-6261-4105　FAX 03-6261-4236
　　　　URL https://www.bun-ichi.co.jp
　　　　振替 00120-5-42149
印　刷　奥村印刷株式会社